秦岭北麓

多过程耦合机制及空间格局优化

康世磊　岳邦瑞　著

中国建筑工业出版社

图书在版编目（CIP）数据

秦岭北麓多过程耦合机制及空间格局优化 / 康世磊，岳邦瑞著．—北京：中国建筑工业出版社，2024.5
ISBN 978-7-112-29813-6

Ⅰ．①秦… Ⅱ．①康… ②岳… Ⅲ．①秦岭—景观规划—景观设计—研究 Ⅳ．① TU986.2

中国国家版本馆 CIP 数据核字（2024）第 087589 号

数字资源阅读方法

本书提供全书图片的电子版（部分图片为彩色）作为数字资源，读者可使用手机 / 平板电脑扫描右侧二维码后免费阅读。

操作说明：

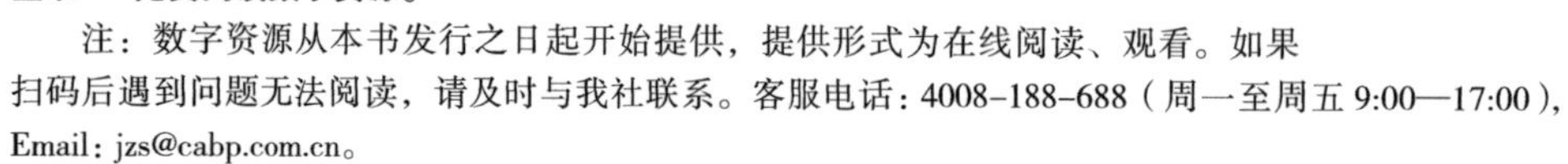

扫描右侧二维码 → 关注“建筑出版”公众号 →点击自动回复链接 → 注册用户并登录 → 免费阅读数字资源。

注：数字资源从本书发行之日起开始提供，提供形式为在线阅读、观看。如果扫码后遇到问题无法阅读，请及时与我社联系。客服电话：4008-188-688（周一至周五 9:00—17:00），Email：jzs@cabp.com.cn。

责任编辑：李成成
责任校对：赵　力

秦岭北麓多过程耦合机制及空间格局优化
康世磊　岳邦瑞　著
*
中国建筑工业出版社出版、发行（北京海淀三里河路 9 号）
各地新华书店、建筑书店经销
北京雅盈中佳图文设计公司制版
建工社（河北）印刷有限公司印刷
*
开本：787 毫米 ×1092 毫米　1/16　印张：$11^{1}/_{4}$　字数：226 千字
2024 年 8 月第一版　2024 年 8 月第一次印刷
定价：**59.00** 元（赠数字资源）
ISBN 978-7-112-29813-6
（42911）

如有内容及印装质量问题，请与本社读者服务中心联系
电话：（010）58337283　QQ：2885381756
（地址：北京海淀三里河路 9 号中国建筑工业出版社 604 室　邮政编码：100037）

目　录

1　绪论 …… 001

1.1　问题提出 …… 002

1.1.1　现实问题——秦岭北麓生态服务功能持续下降 …… 002

1.1.2　学科问题——如何基于自然过程优化景观格局 …… 002

1.1.3　关键问题——如何揭示多自然过程之间的相互作用机制 …… 005

1.2　研究对象 …… 006

1.2.1　空间研究对象 …… 006

1.2.2　过程研究对象 …… 008

1.2.3　研究时空尺度 …… 009

1.3　研究目标 …… 012

1.4　研究意义 …… 012

1.5　研究综述 …… 013

1.5.1　多过程相互作用机制研究综述 …… 013

1.5.2　秦岭北麓相关研究综述 …… 020

1.6　研究方法 …… 025

1.6.1　景观格局演变研究方法 …… 025

1.6.2　多过程相互作用机制研究方法 …… 027

1.7　研究内容 …… 030

2　基础理论与分析框架 …… 033

2.1　概念界定 …… 034

2.1.1　景观格局 …… 034

2.1.2　景观过程 …… 035

2.1.3　相互作用机制 …… 037

2.2　基础理论选择及在本书中的应用 …… 039

2.2.1　格局 - 过程关系原理 …… 039

2.2.2　景观演变理论 …… 039

2.2.3　系统非线性相互作用原理 …… 040

2.2.4 相关基础理论在本书中的应用 …… 041
2.3 基于相关理论的分析框架 …… 042
2.4 基于分析框架的研究路线 …… 043

3 秦岭北麓鄠邑段景观格局变化特征分析 …… 045

3.1 秦岭北麓鄠邑段景观空间特征分析 …… 046
3.1.1 空间特征的四维认知视角 …… 046
3.1.2 水平维度空间特征分析 …… 047
3.1.3 纵向维度空间特征分析 …… 048
3.1.4 竖向维度空间特征分析 …… 049
3.1.5 时间维度空间特征分析 …… 051
3.2 2000—2016 年秦岭北麓鄠邑段土地利用类型变化分析 …… 054
3.2.1 数据获取与处理 …… 054
3.2.2 土地利用类型面积特征 …… 056
3.2.3 土地利用类型转换情况 …… 057
3.2.4 土地利用类型变化速率分析 …… 059
3.3 2000—2016 年秦岭北麓鄠邑段斑块及景观整体特征变化分析 …… 060
3.3.1 景观格局指数选取 …… 060
3.3.2 尺度选择 …… 061
3.3.3 斑块特征变化 …… 063
3.3.4 景观整体特征变化 …… 065
3.4 2000—2016 年秦岭北麓鄠邑段廊道特征变化分析 …… 066
3.4.1 廊道结构特征分析指标 …… 066
3.4.2 河流廊道特征变化 …… 067
3.4.3 道路廊道特征变化 …… 069
3.5 本章小结 …… 070

4 秦岭北麓鄠邑段多过程相互作用机制分析 …… 073

4.1 秦岭北麓鄠邑段主要景观过程空间分析 …… 074
4.1.1 水文过程 …… 074
4.1.2 养分迁移 …… 078
4.1.3 动物运动 …… 079
4.2 秦岭北麓鄠邑段格局变化与自然过程相互作用关系分析 …… 080
4.2.1 格局变化与水文过程 …… 080
4.2.2 格局变化与养分迁移 …… 085
4.2.3 格局变化与动物运动 …… 088
4.3 秦岭北麓鄠邑段自然过程之间相互作用关系分析 …… 092

4.3.1 水文过程与养分迁移 …… 092
4.3.2 水文过程与动物运动 …… 094
4.4 秦岭北麓鄠邑段多过程与景观格局相互作用机制分析 …… 099
4.4.1 多过程之间相互作用机制 …… 099
4.4.2 格局与多过程之间相互作用机制 …… 100
4.4.3 “格局－过程－功能”因果链条 …… 102
4.5 本章小结 …… 106

5 基于多过程相互作用机制的秦岭北麓鄠邑段景观格局优化 …… 109

5.1 基于多过程相互作用机制的景观格局优化方法 …… 110
5.1.1 景观格局优化方法 …… 110
5.1.2 景观格局优化程序 …… 112
5.2 景观功能评价 …… 113
5.2.1 景观功能评价指标体系构建 …… 113
5.2.2 指标权重及分值标准确定 …… 115
5.2.3 景观功能评价 …… 117
5.3 多过程相互作用系统分析 …… 119
5.4 主导驱动过程关键变量分析与景观格局优化 …… 119
5.4.1 地下水垂直补给过程分析 …… 119
5.4.2 地下水补给格局优化 …… 122
5.5 被动响应过程关键变量分析与景观格局优化 …… 127
5.5.1 鸟类水平扩散过程分析 …… 127
5.5.2 养分－地表径流扩散过程分析 …… 130
5.5.3 生物多样性恢复格局 …… 137
5.5.4 非点源污染控制格局 …… 144
5.6 本章小结 …… 148

6 结论与展望 …… 151

6.1 主要结论与创新点 …… 152
6.1.1 建构了“格局变化－自然过程－功能变化”理论分析框架 …… 152
6.1.2 揭示了秦岭北麓鄠邑段多过程之间的非线性相互作用机制 …… 152
6.1.3 提出了基于多过程非线性相互作用机制的景观格局优化方法 …… 153
6.2 研究展望 …… 154
6.2.1 多过程相互作用机制需要进一步的学科交叉研究 …… 154
6.2.2 多过程相互机制的研究时间尺度需要扩大 …… 155

参考文献 …… 156

1 绪论

1.1 问题提出

1.1.1 现实问题——秦岭北麓生态服务功能持续下降

秦岭北麓作为秦岭北边的生态保护防线，其生态环境保护受到从中央到地方各级政府的高度重视。秦岭位于中国版图的中部，是中国南北地质、气候、生物、水系、土壤五大自然要素的天然分界线和交汇带，生物种类非常丰富，被称为世界罕见的“生物基因库”[1]，也是全国 25 个国家级重点生态功能区之一。秦岭北麓作为秦岭山地与关中平原的山城过渡带，扼守着众多的山口、河口、峪口和长达 300 余千米的山缘线，是阻隔关中都市群南扩的生态安全屏障区。2000 年以来，城市化扩张与经济建设活动导致秦岭北麓存在着严重的“乱排乱放、乱采乱挖、乱占乱建、乱砍滥伐”现象，阻止秦岭北麓的生态环境破坏已经到了刻不容缓的地步。针对秦岭北麓生态环境保护，陕西省市区县镇乡各级政府组织编制了全面覆盖秦岭保护区西安段的各类法规。针对秦岭生态环境保护，陕西省及西安市政府先后编制了省级与市级秦岭生态环境保护条例、保护与发展规划、“十三五”规划及各类分区规划，并成立了西安市秦岭生态环境保护管理局，对秦岭生态环境保护展开网格化管理。2018 年轰动全国的秦岭北麓“拆违建”事件更是将秦岭生态环境保护推至前所未有的高度。

秦岭北麓生态环境破坏行为在保护法规的严格执行下逐渐销声匿迹，但各类生态系统的服务功能仍在持续下降或维持较低水平：①生物多样性降低。秦岭北麓近年来动物多样性下降趋势明显，如涝峪 2015—2017 年脊椎动物 Sinmpson 指数从 0.759 降至 0.267，Shannon-Wiener 指数从 1.937 降至 0.916[2]。②地下水位持续下降。西安市政府公布的《西安市 2012—2016 年水资源公报》显示，秦岭北麓地下水埋深年均下降 2m 左右。③非点源污染突出。农田氮磷肥用量偏高[3]。秦岭北麓周至、鄠邑、长安等区县的农田化肥和有机肥的投入量均呈快速增加趋势[4]。农业施肥加剧了秦岭北麓地下水硝态氮污染程度[5]，沣河流域 2000—2009 年，耕地对沣河 TN 负荷的年均贡献达 37.87%[6]。如何恢复各类生态系统的服务功能而避免“形式的生态”成为秦岭北麓当下亟待解决的问题。

1.1.2 学科问题——如何基于自然过程优化景观格局

日益加剧的人类活动过程是导致秦岭北麓生态服务功能退化的主要原因。一方面，当前管控体系所保护的景观系统要素结构不完整，并忽视了其背后各类自然过程（指天然自然中各种有形力或无形力形成的发展和变化状态，如风、水、重力、地质运动等。从景观生态学和景观规划的角度来看，“自然过程”就是景观尺度上的生态过程，包括生物过程和非生物过程）的连续性。秦岭山前已被渠化的河道阻断了河流－洪泛滩区横向的景观过程[指景观中的各类自然与人文过程，这里“景观”包括两层含义：一是指景观规划的对象——土地镶嵌体，二是指景观尺度（介于区域与生态系统尺度之间）]，提供养分控制、底栖动物觅食与繁衍地、滞洪等功能的河滩湿地及河岸植被生境丧失殆尽；城市化扩张与现代农业集约化发展导致农田景观呈均一化、破碎化的趋势，秦岭北麓农田生态系统中对农药、化肥等养分迁移有过滤和缓冲作用的非农生境（树篱、灌丛、沟渠等）丧失。另一方面，秦岭北麓生态环境破坏之前一些重要的水生态空间未被恢复、识别并纳入现有空间管控体系之中。1970年以前，秦岭北麓山前洪积扇区曾存在大量的人工涝池、水潦、河湾及洪泛滩湿地。这些传统的自然或人工生态空间是由各类自然过程和人类活动历时性相互作用塑造的景观形式，在调蓄雨水、补给地下水、控制面源污染及提供生物栖息地等方面发挥着重要的作用。由于近年来城市化快速扩张的影响，这些生态空间已全部被耕地及建设用地所覆盖。正是由于城市化扩张及农业集约化发展等人类活动导致秦岭北麓河道、农田、湿地等各类生态系统生态服务功能下降。

就风景园林规划的理论与实践角度看，景观结构的完整性和自然过程的连续性是生态服务功能有效发挥的前提，景观格局优化是作为提升生态服务功能的基本手段。土地利用/覆被优化和景观格局优化是实现生态服务功能优化与提升的两大空间途径[7]。土地利用类型的变化影响着生态系统的能量交换、水分循环、土壤侵蚀与堆积、生物地球化学循环等主要生态过程，从而改变着生态系统服务的提供[8]。如在黄土高原坡面尺度上，不同土地利用格局具有的土壤水分和养分保持能力不同[9]。景观格局优化是风景园林规划中基于景观生态学原理的一种规划途径，通过构建维护景观过程连续性的绿色基础设施[10, 11]或生态基础设施[12]来维护自然生态系统的价值和功能。雨水花园、生态沟渠、景观水体等恢复水循环实现水质、水量调节服务[13, 14]；构建物种迁徙廊道与网络来恢复生物多样性[15]；在农田景观设置坑塘湿地、沟渠、林带等控制氮磷养分的空间迁移；基于生态安全格局构建生态基础设施，通过维护多种景观过程的连续性来发挥绿地的综合服务功能[16]。可以看出，景观格局优化是通过恢复自然过程的有序、健康运行，进而实现生态服务功能的优化与提升（图1-1）。

景观格局优化主要包括格局－过程相互作用机制及基于机制的格局优化方法两大板块，其中格局与过程相互作用机制是优化方法的基础，也是有待进一步展开探索的

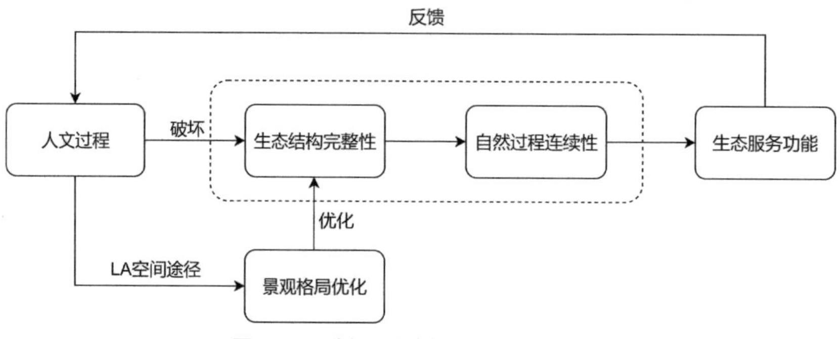

图 1-1　现实问题产生机制及空间解决途径

难点问题。格局与过程相互作用机制是景观生态学的重点与难点，涉及景观格局特征、格局与过程相互作用关系、格局与过程相互作用对功能 / 服务的影响等。景观格局优化方法已从定性研究到定量研究、静态分析到动态模拟发展，主要有概念模型、数学模型及计算机空间模型等三大类[17]。由于当前对景观格局与过程之间的复杂关系及其尺度依赖性仍缺少深刻理解，也难以定量描述，景观格局优化研究目前尚处于初级阶段，相关理论和方法基础还不明晰[18]。明确格局与过程的相互作用关系是进行景观格局优化的前提，所以，对格局与过程相互作用机制的研究是景观格局优化首先需要解决的问题（图 1-2）。

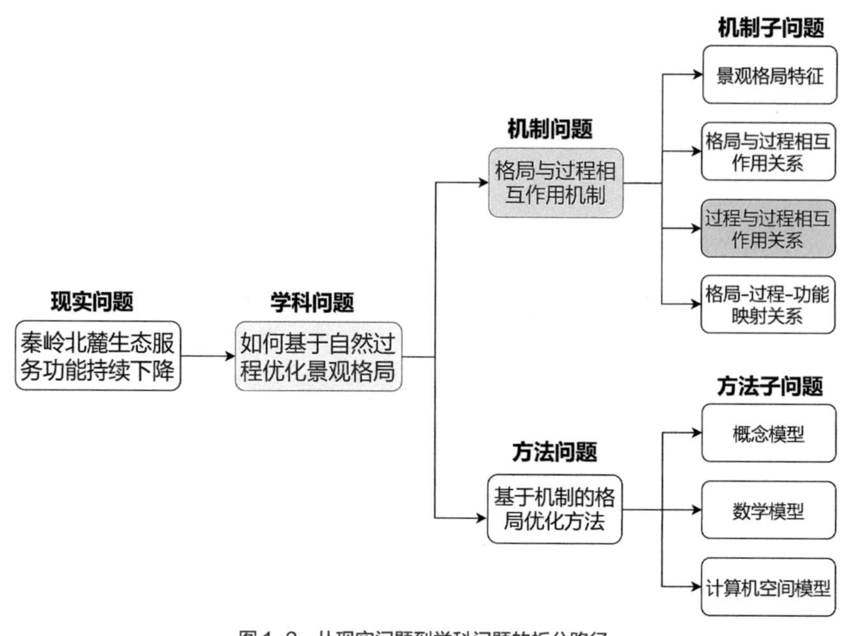

图 1-2　从现实问题到学科问题的拆分路径

1.1.3 关键问题——如何揭示多自然过程之间的相互作用机制

自然过程和景观要素（生态系统）相互作用所产生的生态系统服务功能是人类可持续发展的基础，深刻认识自然过程与景观格局的相互作用机制是调控人类活动、实施生态系统服务功能管理的前提。景观格局优化的目标是通过调整优化景观组成和结构来保证自然过程的有序运行，进而改善受损的生态功能，所以，景观格局的优化需要建立在对景观格局与自然过程以及功能之间关系深入理解的基础上[17]。如图 1-3 所示，生态系统服务功能是景观格局与各类自然过程相互作用的外在表现[19]，通过景观格局优化恢复生态服务功能首先需要回答四个层级的机制性问题：

（1）格局特征（组成与结构）是什么？

（2）单一格局与多个过程之间如何相互作用？

（3）多个过程之间如何相互作用？

（4）格局、过程与功能 / 服务之间的关联机制是什么？

可以看出，过程是连接格局与服务的关键环节。揭示生态系统服务背后各种自然过程之间的相互关系是其研究首要解决的问题，只有明晰了生态系统服务产生的机理过程，才能为生态系统服务的优化管理提供明确的指导[8]。

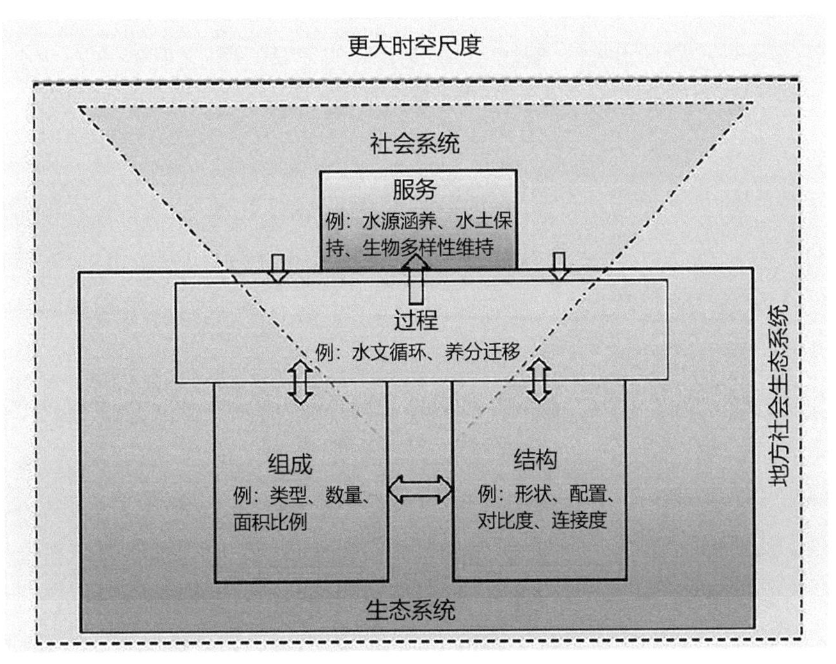

图 1-3　格局、过程、服务相互作用的联结框架
（资料来源：改绘自参考文献 [19]）

多个自然过程之间相互作用机制的揭示是优化景观格局的前提与关键所在，也是既有研究中的薄弱环节。景观格局特征、格局与过程的关系、“格局－过程－功能 / 服务”的因果链条关系是风景园林学、地理学、生态学等领域研究的重点与热点，而多过程相互作用关系的研究则较为少见。地理学、生态学、水文学等基础科学及交叉领域的相关研究主要聚焦于两两过程之间的关系；而在风景园林规划实践中，多种过程被视为相互独立而不相干的，空间格局往往是基于多种过程简单叠加分析而进行优化的。所以，对多过程之间相互作用机制及相关景观格局优化方法的探讨，具有重要的现实意义和理论意义。

1.2 研究对象

1.2.1 空间研究对象

1. 秦岭北麓

“秦岭北麓”是诸多学科研究秦岭山地与北部平原交接区域的称谓，尚无明确、统一的空间范围界定。一方面是对“秦岭”存在广义与狭义、东秦岭与西秦岭等不同认识与界定，另一方面“北麓”概念及其范围界定不同学科之间存在较大分歧。作者所在团队综合不同学科的研究成果，认为秦岭北麓存在广义与狭义之分。广义上基于地质学、水文学及气象学的研究，确定其南北边界为秦岭分水岭至渭河南缘，东西横跨关中平原的广袤地带，与秦岭北坡、秦岭北缘、秦岭北部等形成关联的概念群。狭义上基于地貌学、词源学及相关政策法规的研究，确定秦岭北坡 25° 坡线向关中平原北延伸数公里的环山带状区域，其核心部分位于西安辖区内，是与秦岭山前冲洪积扇、秦岭浅山区相近的概念。

秦岭北麓西安段涵盖蓝田、长安、鄠邑、周至四个区县，是大西安都市区的生态屏障和水源补给区，其自身的可持续性事关区域生态安全（图 1-4）。著名的“秦岭 72 峪”有 48 峪口汇集于此，并有大量的寺庙道观、古镇名村分布于此。《大秦岭生态环境保护规划》将秦岭西安段划分为生态保护区和生态协调区，秦岭北麓即为其中的生态协调区。

秦岭北麓是一个“自然－社会－经济”高度耦合的复合生态系统，具有三个维度的复合属性：①秦岭北麓是一个典型的山地与平原的生态交错带。该区域地形涵盖丘陵、

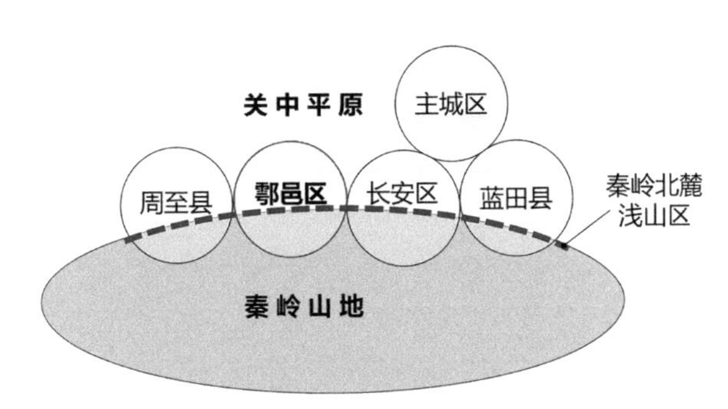

图 1-4 秦岭北麓鄠邑区段区位与范围示意图

台塬及洪积扇，是秦岭山地生态系统与其相邻的关中平原生态系统之间的交错带。由于平原地区早已成为城乡生活、生产聚集区，所以秦岭北麓也成为大秦岭的生态屏障。②秦岭北麓作为一个城市边缘区，兼具城市与乡村特征的复合系统，它以果园、农田等半自然环境为基底，为关中城市提供必要的生态服务，是维护城乡生态安全的最关键区域[20]。同时，该区域存在保护与发展矛盾突出、城市发展用地侵占耕地及河道、农业经济发展滞后等一系列城镇化问题。③由于众多峪口的塑造，秦岭北麓存在区域特有的"峪口型地域"。山前河道峪口通过发挥自身特有的区位和资源优势，沿峪道为开发轴带，把"峪口"内的峡谷地段和"峪口"外的山前洪积扇地带两个亚单元连接起来，形成一个独特的"峪口型地域"，具有深层次开发的基础[21]。

2. 鄠邑区段

作为秦岭的生态门户区段之一，鄠邑区段的特点与面临的问题在秦岭北麓西安段中具有典型性和代表性。由表 1-1 可以看出，在秦岭北麓保护与发展矛盾最为集中的四个区县之中，鄠邑区段兼具城镇化程度高（长安区）和经济与环境保护矛盾突出（蓝田县、周至县）的特点。鄠邑段共涉及草堂、庞光、石井、天桥、蒋村 5 个乡镇，人口 2.8 万人，面积 24493hm^2。5 个乡镇经济发展及城镇化建设水平由东及西依次降低（图 1-5）。如紧邻长安区的草堂镇，其凭借区位优势及丰富的自然资源，吸引了大量的工业企业、房地产、旅游休闲项目、高校等入驻，同时旅游三产、农业产业及基础设施建设迅速发展，已成为省级小城镇建设重点示范镇。与此同时，城镇化的快速扩张造成自然生境破坏、水源涵养功能降低、人地矛盾突出等问题。相比之下，西边其他乡镇缺乏区位、资源的优势，以农业产业为主，同时由于保护法规的限制，经济发展严重滞后，地方群众相对落后的生活水平与提高生活质量的强烈愿望之间的矛盾突出。所以，秦岭北麓鄠邑区段能够反映研究问题的典型性，故本书将其选作研究对象。

秦岭北麓主要区县情况对比　　表 1–1

区县	常住人口（万人）	城镇化率（%）	GDP（亿元）	市域城镇体系等级	主导产业	秦岭违建别墅（栋）
长安区	100.97	43.48	791.03	中心城区	教育与高新技术产业	23
鄠邑区	54.93	36.13	197.41	副中心城市	高新科技、农副产品加工及现代农业	9
蓝田县	53.26	28.22	143.49	城市组团	生态文化旅游	0
周至县	58.94	24.22	134.26	城市组团	生态农业、生态旅游	1

资料来源：作者根据《西安统计年鉴 2018》《西安城市总体规划（2008—2020 年）修改》《秦岭北麓违建整治收回土地工作简报（第 24 期）》绘制。

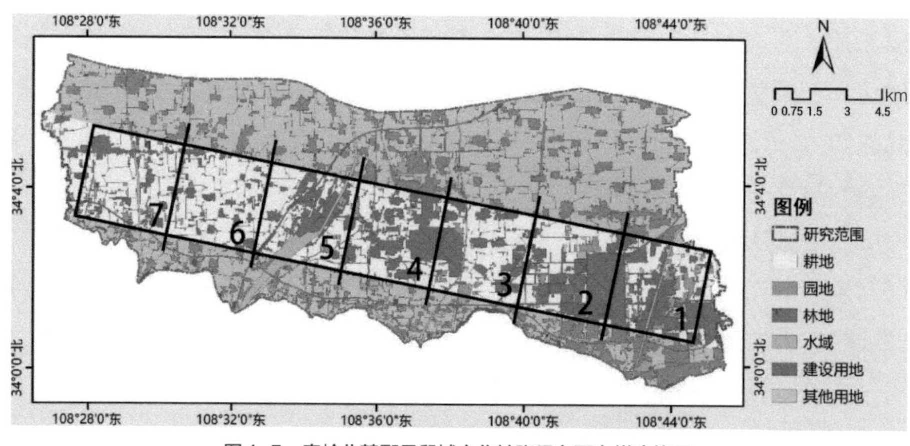

图 1–5　秦岭北麓鄠邑段城市化扩张呈东西向梯度格局

1.2.2　过程研究对象

景观过程涵盖物质流、能量流、物种流及人类活动过程等多种类型，但在具体实践与研究中并非所有的过程都需要我们同等程度地去考量。一方面，风景园林规划是一项在相对宏观的尺度上协调人类活动与自然过程关系的空间实践活动，景观尺度上的过程是其主要关注的对象；另一方面，在现实景观中，不同景观过程对场地的影响程度不同，我们一般只需要关注与场地生态问题紧密相关的过程。所以，景观过程研究的选取必须考虑以下两个方面：

（1）空间尺度关联性：景观过程主要发生在景观尺度上（介于生态系统和区域之间），同时与景观格局存在明确的空间化映射关系，能够可视化、具象化以便于规划设计人员理解和应用。

（2）地域问题关联性：风景园林规划的主要目标之一就是解决地域生态环境问题，实现区域的可持续发展。景观过程无法有序、健康地运行是场地生态问题产生的主要表征之一。所以，风景园林规划所选取的景观过程必须与场地发生的现实生态问题紧密关联。

根据空间尺度关联性和地域问题关联性，可以确定水文过程、养分迁移、动物运动为本书探讨的主要景观过程（表 1-2）。物质流中的空气流动过程由地表因太阳辐射受热不均而形成的气压差所引起，尽管是一种发生在大尺度上的景观过程，但与本书研究区域的现实问题并无关联；能量流是能量在生态系统内部流动的过程，且与研究区的生态问题关联不紧密。水文过程、养分迁移、动物运动等景观过程分别涉及秦岭北麓水源涵养、非点源污染控制、生物多样性等生态服务功能低下的现实问题，也是景观生态学和风景园林规划重点关注的对象。

过程研究对象界定表　　　　表 1-2

景观过程		尺度关联性	问题关联性
能量流		√	×
物质流	空气流动	√	×
	水文过程	√	√
	养分迁移	√	√
物种流	动物运动	√	√

注：√表示强关联，× 表示弱关联。

1.2.3 研究时空尺度

1. 空间尺度

1）当前研究常用的空间尺度

当前各类保护与利用规划均以秦岭北麓浅山区为规划范围，该范围由西安市政府所划定，即东、西至行政界线，北至沿山路以北 1000m，南至山麓 25° 坡线（图 1-6）。但政府所确定的保护区北边界为什么是在“环山路（即 S107 省道）以北 1000m”，《大

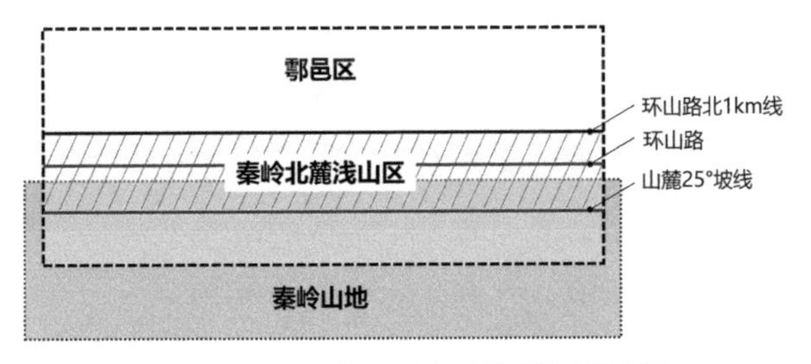

图 1-6　秦岭北麓鄠邑段行政管理边界示意图

秦岭西安段生态环境保护规划》编制单位回答“没有做过深入研究，是根据西安秦岭办的管辖范围确定的”。所以，现有秦岭北麓空间管制单元是在以行政管理目标为导向下划定的，并未深入考虑秦岭北麓社会－生态系统的特点。

风景园林规划异于城市规划的一个重要特征是其研究边界并非由行政边界所界定。人为划分的行政管理区域与自然条件下所形成的生态系统单元的尺度不对等、边界不整合，导致研究成果不能体现自然生态系统的整体性和层次性[22]。所以，必须遵循自然过程发生的地域尺度，以具有相对独立性、完整性的自然生态系统为研究单元。

区域层次上的大河流域和地方层次上的小河流域都是风景园林规划理想的分析单元[23]，但就秦岭北麓的现实问题来说，流域或集水区无法准确反映浅山区人类活动与自然过程突出的矛盾问题。首先，由于秦岭生态环境保护区的存在，严格的分区划定割裂了山前适度开发区与山里重点保护区的关系。其次，与依靠西安市及鄠邑城区并以城市化建设活动为主的平原区相比，浅山区的人类活动又有其相对独立的特征，即以现代农业、观光旅游为主。鄠邑区的各大流域均横跨山区、平原，显然范围过大，无法聚焦本书所关注的核心问题。

2）多过程相互作用的关联尺度选择

本书的核心问题是揭示多种景观过程的相互作用机制，理论上讲，研究的空间尺度应该选取能够将生物过程、非生物过程和人类过程关联起来的最佳尺度[24]：①对于物种保护来说，物种生存的基本单元是资源斑块，物种扩散则至少需要在一个以上的异质性斑块尺度上研究；②养分主要以溶解质的形式存在，其运动过程由水流特性所决定；③就水文过程而言，秦岭山区径流出山后，流经山前冲洪积扇时，大量入渗补给地下水，转化为地下径流，山前冲洪积扇中的地下径流最后在扇缘溢出，又转化为地表径流，即洪积扇是一个地表水－地下水循环交替积极、完整的地下水功能区；④由众多河流冲积而成的洪积扇因其水土资源丰富、地势平坦，又成为人类生活与生产（旅游、农业产业）活动聚集地[21, 25, 26]。可以看出，洪积扇是秦岭北麓关联水文（养分）、人文过程又同时满足生物过程扩散的空间单元，是一个研究多过程相互作用机制非常理想的载体。

3）洪积扇范围确定

当前秦岭北麓鄠邑段的范围北部界定以环山路为参考，缺乏科学的依据。本书以山前独立的地貌单元——洪积扇作为核心研究范围，空间范围划定主要依据峪口洪积扇的分布，可通过历史资料、地质资料的分析和 DEM 等高线的提取综合确定。首先，鄠邑区山前洪积扇分布于秦岭山基线以北，郝家寨、草堂寺等地点以南。继而，对鄠邑区地质资料的分析显示，洪积、冲积层主要位于秦岭山前。与县志记载的洪积扇范围叠加对比，可验证二者范围大致吻合。最后，将通过较高精度的 DEM 数据提取出的等高线数据图与鄠邑洪积平原带范围叠加分析，基本能够确定等高线坡度变化最大的一条是洪积扇的扇缘，即秦岭北麓鄠邑段的北部界限。其东西范围取太平峪与甘峪流域的东西边界，往南取秦岭北麓 25° 坡线和部分村庄的行政边界为界线（图 1-7）。

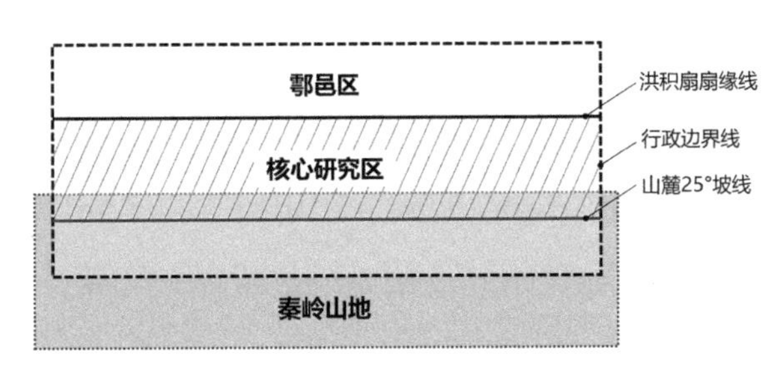

图 1-7　秦岭北麓鄠邑段核心研究范围示意图

2. 时间尺度

自然界系统演化通常按照从简单到复杂的一般演进趋势。系统进化的趋势可以从两方面来认知：层间进化与层内进化[27]460。层间进化表示不同系统层次之间的转变，即系统从低层次到高层次的进化；层内进化表示系统在同一层次内从简单到复杂的进化，即从简单结构到复杂结构的进化[27]460。对于景观演变来说，层间即演变的不同阶段，层内即某一阶段内。某一阶段起始时间便是导致该阶段内新的现实问题产生的伊始。所以，核心研究的时间尺度需要根据当前阶段在整个景观演变过程中的定位来界定。

根据秦岭北麓鄠邑段景观演变特征，可以划分为自然景观时期、半自然景观时期、农业景观时期、城郊景观时期。当前景观演变阶段——城郊景观时期是秦岭北麓鄠邑段由农业向城市转化时期。而秦岭北麓生态系统服务功能持续下降的根本原因是由城市化快速扩张、农业集约化发展造成的，所以，本书以城郊景观时期（鄠邑区城镇化快速扩张伊始至今）为核心研究的时间尺度。

本区域开始进入城郊景观时期的标志性事件是 1992 年成立户县草堂经济开发区，从此草堂镇拉开了城市化扩张的序幕。在 2017 年户县撤县设区，成为西安第 11 个建置区，随后庞光镇、秦渡镇、草堂镇被西安高新区托管，大量的城市建设项目涌入。根据《大西安战略发展总体规划》，鄠邑区已被定位为西安国际化大都市的副中心城市。撤县设区扩大了地级市政府所掌握的可供让的土地面积，加快了地级市的城市化进程[28]。撤县设区使土地利用结构呈现明显的非农化趋势，即耕地面积减少，城镇用地、交通用地等用地规模快速增长[29]。

1.3 研究目标

1. 揭示秦岭北麓鄠邑段多过程的相互作用机制

如何通过景观格局优化来恢复各类景观过程的连续性，以实现秦岭北麓生态服务功能提升，是秦岭北麓当前亟待解决的现实问题。既有研究多是基于单一过程进行景观格局优化，但过程与过程之间存在复杂的非线性相互作用关系，景观过程不仅受景观格局变化的阻碍或促进，还受到其他过程的作用影响。所以，解决秦岭北麓现实问题的关键在于准确把握多个景观过程之间的相互作用机制，揭示秦岭北麓多过程相互作用机制也成为本书的首要目标。

2. 提出基于多过程相互作用机制的秦岭北麓鄠邑段景观格局优化方法

人类对空间格局规划和管理的主要目的是调整优化空间要素的面积、形状、类型和配置等，提高景观连通性，使生态过程在空间要素间和谐、有序进行，以改善受胁受损的生态功能，实现区域可持续发展。在揭示多过程相互作用机制的基础上，如何应用秦岭北麓多过程相互作用机制进行景观格局优化是本书关注的另一个重要目标。

1.4 研究意义

1. 现实意义

探索多个景观过程的相互作用机制有助于提高秦岭北麓空间规划实践的有效性。山麓区空间规划的最终目的在于保护土地所提供的生态系统服务和土地之上所承载的景观过程。如何通过格局优化实现秦岭北麓景观过程有序和生态服务功能提升，这有赖于其对秦岭北麓多过程相互作用机制的把握程度。本书尝试探索秦岭北麓多个景观过程的相互作用机制，并基于此机制构建空间优化格局，为决策者提供空间规划的相关科学依据，为秦岭北麓乃至整个中国浅山区的可持续发展提供有益帮助。

2. 理论意义

构建基于多过程相互作用机制的景观格局优化方法，对拓展风景园林规划的理论和方法有一定的探索意义。风景园林规划是风景园林专业重要的二级学科，其理论包括表述模型、过程模型、评价模型、改变模型、影响模型和决策模型六个模型[30]。其中，“过程模型”旨在回答“景观如何运作”的问题，主要目标在于揭示关注各类过程与空间格局的关系。而既有基于格局过程关系原理的景观空间优化方法多是基于单一过程分析后线性叠加的优化方法，忽视了过程与过程之间存在的复杂非线性相互作用关系。所以，本书的探索有助于丰富风景园林规划的理论与方法体系。

1.5 研究综述

1.5.1 多过程相互作用机制研究综述

从“景观”一词的起源及其学术运用的主流来看，它是地理学领域的垄断性话语[31]，关于其形成、演进、变化的相关机制研究主要由地理学的不同学科方向所担纲。驱动景观各构成要素空间（地理）变化的“过程”研究则涵盖自然、人文中的多个学科。根据学科方向的不同，我们可以将景观过程的研究路径划分为三种：第一种是自然科学研究路径，包括地理学、地质学、生态学、水文学、土壤学等学科及其交叉领域，其中地理－生态方向的景观生态学和生态－水文方向的水文生态学起主导作用；第二种是人文科学研究路径，包括地理学与社会学、心理学、文化符号学等交叉学科领域，其中地理－社会方向的人文地理学起主导作用；第三种是空间实践应用方向的应用科学路径，主要由风景园林学科（风景园林规划方向）承担（图 1-8）。以下就这三种研究路径展开评述。

1. 自然科学研究路径

在景观生态学领域，“过程是流动的格局，格局是凝固的过程”，二者常作为一对不可分割的关系来被研究。景观格局与生态过程的相互关系是景观生态学研究的核心[32-34]，近年来一直是国内外景观生态学家共同关注的重点与热点议题[35，36]。早期相关研究注重探讨不同尺度下格局与过程的作用机制，进而为生态规划实践提供服务，即经典的“格局－过程－尺度”研究范式[37]。近年来，景观生态学家逐渐开始关注自然系统与人类系统相互作用的关系，以生态系统服务作为衔接生态系统和人类需求的有效纽带，来研究格局－过程作用的自然系统与人类社会－经济系统之间的关系[38，39]。当前学者们在探讨景观格局与过程相互作用机制的基础上，注重分析生态系统服务的权衡协

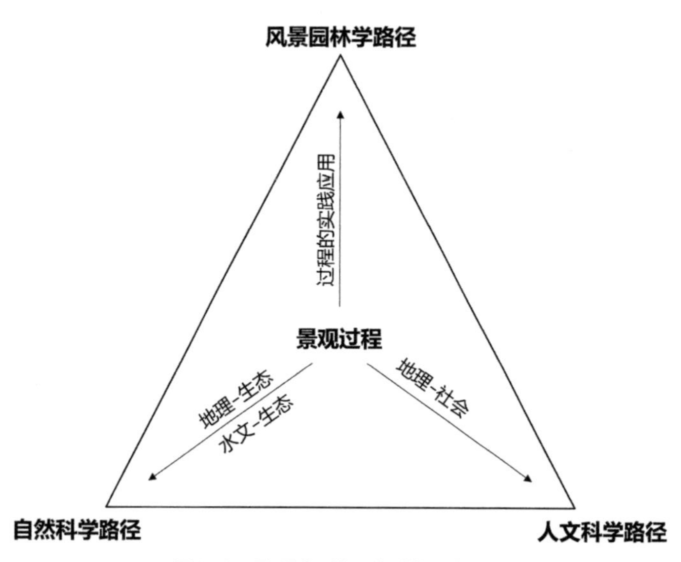

图 1-8　景观过程的三大科学研究路径

同机制及其与景观可持续性的关系，逐渐形成了“格局 – 过程 – 服务 – 可持续性”的新范式[37，40]。尽管作为研究空间格局的地理学与研究生态过程的生态学交叉学科，景观生态学对过程的关注已从自然过程转向自然与社会 – 经济的综合过程，但仍然主要是某个确定空间格局与多种单一过程的相互作用关系研究。

在地理、水文、土壤、大气、生态等各学科领域就单一生态过程已均有深入的研究，但对两两过程的相互作用研究仅开展了部分工作，多过程耦合机制更鲜见探究[41，42]。目前，两两过程相互作用研究主要集中在水文生态学 / 生态水文学领域的水文 – 生态过程耦合研究[43，44]，如水文过程与生物地球化学循环耦合[45]、水文过程与植被群落演替相互作用[46]、水文与气候耦合[47]、人类活动对水文循环的影响[48]等。水文 – 生态耦合研究对象已涉及干旱与半干旱地区、森林、湿地、江河、湖泊等多类生态系统[49]，主要集中在微观（种群、群落）层面的研究，对宏观（土地利用、空间格局）层面的研究十分有限。在微观层面，水文生态耦合研究通过模型模拟和野外观测等手段，从“水文变化的生态效应”和“生态变化对水文过程的影响效应”两方面出发，主要研究水文特征（水力、水位、水化学等）变化与植物特征（结构、动态、变化与演替等）变化之间的定量联系。宏观层面，国外学者 Benöfält 和 Nilsson（2009）基于河流四维连续体模型，根据洪水和水流作用等水文过程与滨河带植被相互驱动作用，研究了水文运动作用下植被时空格局上的变化[50]。国内代表性的研究为国家“九五”科技攻关计划《西北地区水资源合理开发利用与生态环境保护研究》，该课题从机理上研究干旱区水分驱动的生态演变，根据水分条件变化与生态系统状态变化的关系构建了内陆河平原水分驱动的生态圈层模型[51]。这些研究均为探究水文 – 生态过程相互作用下的景观格局变化提供了有益的参考。

总的来说，现有过程相互作用机制的研究尚不能满足解决景观空间格局问题的现实需求，主要体现在以下几个方面：第一，这些研究多聚焦于两两过程的耦合，且从单一方面的效应研究入手，即水的流量、流速等水文要素变化的生态效应或植被变化对水文过程的影响效应，缺乏系统的、综合的耦合研究。[44] 第二，既有研究中两两过程相互作用对景观空间格局变化影响的研究仍较少，无法系统地为空间规划提供理论和技术支持。第三，缺乏自然过程与人文过程相互作用的研究。第四，生态学或地理学作为一门现代科学门类细化下的实证学科之一，对景观格局与过程的一切研究都是基于定量的数据分析展开的，对真实数据获取的要求必然限定了其研究的时间尺度。以景观生态学为例，景观生态学中开展景观动态模拟的主要数据来源是卫星遥感资料，根据遥感资料可以直接得到土地利用类型和景观变化率。而遥感技术的起源最早可以追溯到二战时期，苏联科学家克里诺夫（Krinow）发明的分波段同步摄影合成技术。直到 1972 年，美国才发射了第一颗陆地资源卫星（ERTS-1，后改称 LANDSAT）。所以，基于现代遥感信息的积累时间，遥感资料无法支撑景观生态学超过 100 年的景观动态研究工作[52]。

2. 人文科学研究路径

各种人类活动过程与自然环境的相互作用与反馈机制是人文地理学研究的核心[53]，而人和人的社会经济活动的空间发展过程是“人地关系”中“人”这一要素的重要组成部分。人文地理学中的人文过程（也即人文地理过程），是以人为切入点，探讨人和人的社会经济活动的空间发展过程，具体包括人口空间过程、经济空间过程、基础设施过程、社会文化空间过程等[54]。土地利用 / 覆被作为人文过程的空间表现形式成为人文地理学研究的重点内容。具体研究主要包括两大方面：从城市化、人口增长、资源开发、交通设施、旅游发展、土地制度、农业政策、农户行为等宏观和微观角度揭示了土地利用变化的人文因素和作用机理；从水土环境、区域气候、生态系统服务功能、碳排放、粮食生产、农户生计等方面评估了土地利用变化产生的环境和社会影响[55]。其中第二方面是我们关注的核心，即土地利用 / 覆被变化（LUCC）与其所导致的环境效应研究，其表征的是人文过程与自然过程之间的相互作用关系。

土地利用 / 覆被变化的环境效应研究主要涉及四个方面的生态过程：大气变化、水文过程、土壤过程及生物过程（图 1-9）。土地利用 / 覆被变化对大气的影响方式主要包括改变地表下垫面物理性质和改变大气成分；对水文过程的影响主要体现在水质、水量及水循环等三方面；对土壤过程的影响主要反映在土壤物理化学性质改变、土壤污染及土壤养分

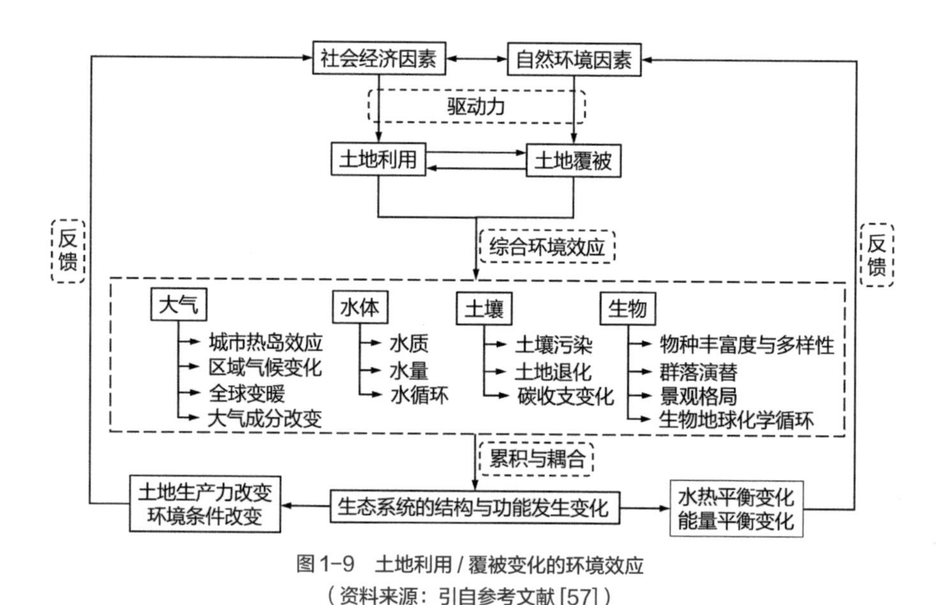

图 1-9　土地利用 / 覆被变化的环境效应
（资料来源：引自参考文献 [57]）

迁移等；对生物过程的影响涵盖物种、群落及生态系统多个层面，主要体现在生境破碎化影响物种丰富度与多样性、生物群落演替，进而影响生态系统结构和功能[56~58]。

尽管土地利用 / 覆被（景观格局）变化作为人文过程的空间表征，其环境效应方面的既有研究为我们认识人文过程与自然过程的相互作用关系提供了重要支撑，但仍然存在一些问题，主要表现为缺乏系统性和机制性方面的研究。一方面，多以单要素静态研究为主，即土地利用 / 覆被（景观格局）变化对某一环境要素或某些指标的影响，因而并不能说明区域整体环境的变化[56]。另一方面，多注重对现状与结果的定量统计分析，缺乏对空间上过程和机制的探讨。

3. 风景园林学研究路径

景观格局和过程之间的动态关系是风景园林规划的根本[59]，风景园林规划师对景观过程的关注伴随着整个风景园林规划的发展历程。早在 19 世纪，弗雷德里克 · 奥姆斯特德（Frederick Olmsted）在波士顿公园系统规划中就已认识到自然过程的价值，通过对历史上盐化沼泽的分析，划定了后湾沼泽和城市发展的边界，既有利于恢复洪泛滩地的自然演化过程，又科学、有效地控制了城市的不规则发展[60]。但奥姆斯特德自然主义的设计思想对自然过程的关注仍然停留在传统经验层面，直到 20 世纪中叶麦克哈格（Ian McHarg）等规划师将风景园林规划引向了生态学的途径，才将风景园林规划提升到了科学的高度。麦克哈格（1969）认为“任何一个地方都是历史的、物质的和生物的发展过程的综合，这些过程是动态的，它们组成了社会价值”[61]126，通过“千层饼”模式与自然科学家们结盟，以时间为桥梁建立地质 – 土壤 – 水文 – 植被 – 动物与人类活动之间的垂直生态联系，强调土地的规划和利用应该遵从自然的固有价值和演进过程。1985 年约翰 · 莱尔（John Lyle）在其著作《Design for Human Ecosystems：Landscape，Land Use and Natural Resources》中提出了“尺度 – 过程 – 秩序”的人文生态系统设计体系，其过程机制的主要观点是：认知并遵循已有的自然生态过程；明确并制定规划设计过程[62]。20 世纪 80 年代兴起的景观生态学为景观规划师认识不同生态系统之间的生态过程提供了科学的依据，Leitǎo 和 Ahern（2002）认为景观指数可以量化地反映景观格局与生态过程之间的关系，并提出了一套基于景观生态学概念和景观指数的可持续规划概念性框架，包括聚焦、分析、诊断、展望、评定五个步骤[63]。在现代风景园林规划理论中，关于过程机制的研究理论已经被纳入风景园林规划六大模型中的“过程模型”，旨在回答景观如何运作的问题。

风景园林学作为一门以解决现实问题为导向的综合性学科，必然涉及多个景观过程的研究，且更关注过程综合作用对空间格局的影响。当前风景园林领域国内外代表性的多过程相互作用机制理论可以分为三大类：

第一类是研究两两过程之间的相互作用机制，代表理论有二元关系分析模式与麦克哈格的“千层饼”模式[23]。二元关系分析的相互作用体现在两两要素或过程之间单向的影响关系，具体如地质条件与小气候、地质条件与土壤形成、土壤与植物分布、地形坡度与地下水补给等（图 1–10）。“千层饼”模式涉及多个生态过程，但其本质上仍是多个过程简单叠加的反映（图 1–11）。

第二类是多种景观水平过程相互作用机制，以俞孔坚的生态安全格局理论[64]为代表，其相互作用体现在多个水平过程按权重叠加的关系。生态安全格局以景观生态学理论为基础，基于景观格局和过程的关系，通过景观过程分析和模拟，来判别对这些过程的健康与安全具有关键意义的景观元素、空间位置及空间联系[64]。在具体构建中，生态安全格局通过适宜性分析、最小费用距离和表面分析等模型来识别单一生态过程的安全格局，进而采用权重法综合叠加各单一过程的安全格局得到综合生态安全格局（图 1–12）[65]。所以，生态安全格局的构建是假定不同生态过程之间相互兼容，彼此之间

	地质	自然地理	气候	土壤	地下水	地表水	植被	野生动物	土地利用
地质		1	2	3	4	5	6	7	8
自然地理			9	10	11	12	13	14	15
气候				16	17	18	19	20	21
土壤					22	23	24	25	26
地下水						27	28	29	30
地表水							31	32	33
植被								34	35
野生动物									36
土地利用									

图 1–10　二元关系分析法
（资料来源：引自参考文献 [23]）

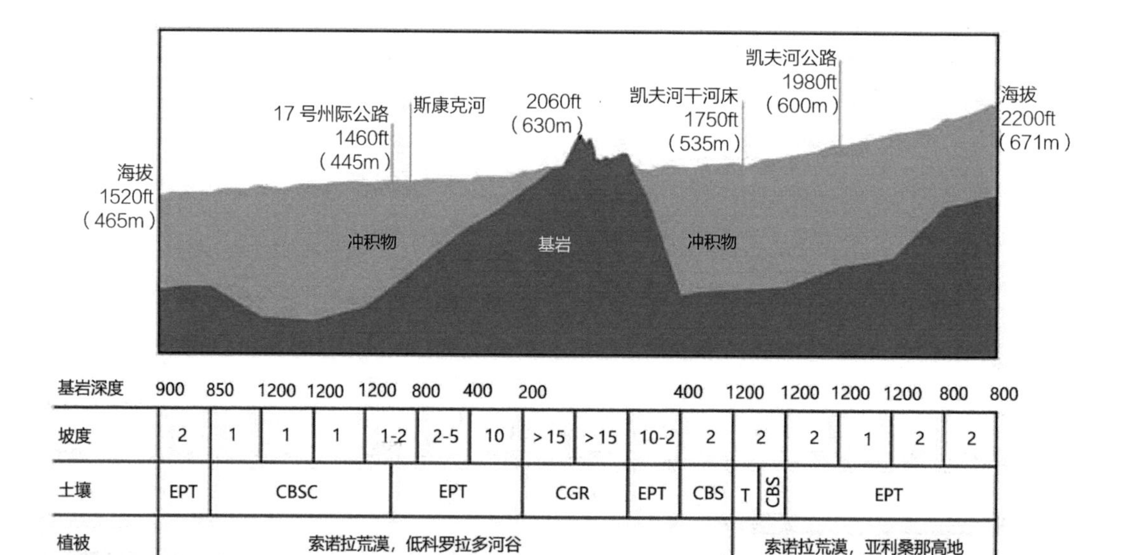

图 1-11　三村荒漠景观区的“层饼”图
（资料来源：引自参考文献 [23]）

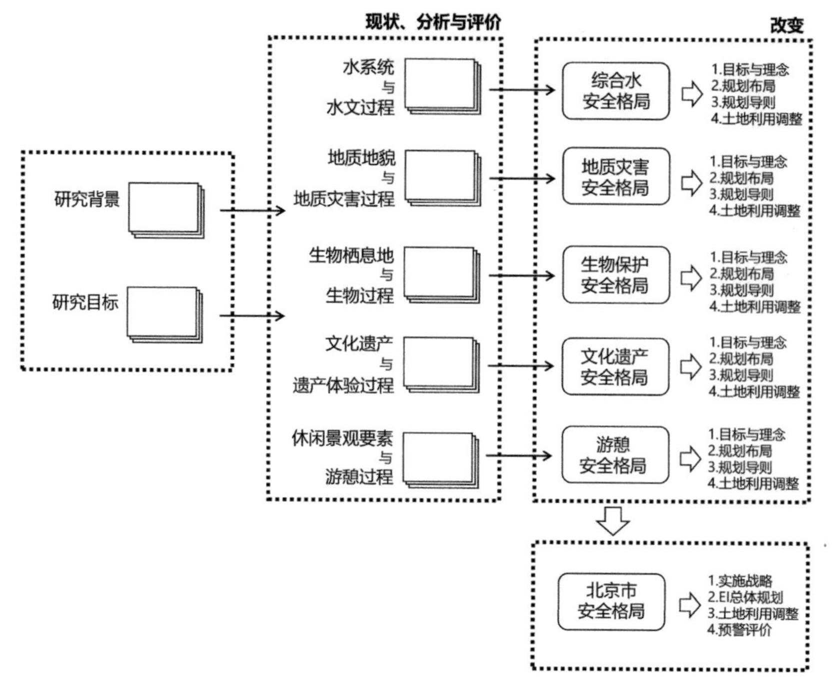

图 1-12　北京生态安全格局研究框架
（资料来源：引自参考文献 [65]）

不存在协同或权衡关系[66]。但在某个确定尺度上，一种景观格局所对应的多种生态过程之间存在密切的相互作用关系，而非简单的叠加关系。在多个生态过程耦合系统中，有些过程常居支配性主导地位，而有些则处于从属地位，它们的作用有可能被减弱，甚至被屏蔽。

第三类是不同空间系统中的空间过程相互作用机制，主要是王云才（2018）的景观空间 C-3P 分析体系中的景观空间过程相关理论。如图 1-13 所示，在其所构建的空间系统与空间格局的相互作用机制框架中，自然生态过程、社会经济过程、人文文化过程在不同时空尺度上发挥不同层次的功能，这三种过程作用效果彼此叠加，相互之间形成促进或限制的反馈机制[67]。该理论为我们认识多种景观过程的相互作用机制提供了一个逻辑性指导框架，但仍然停留在纲领性论述层面，对过程与过程之间具体如何相互作用尚未进一步探索。

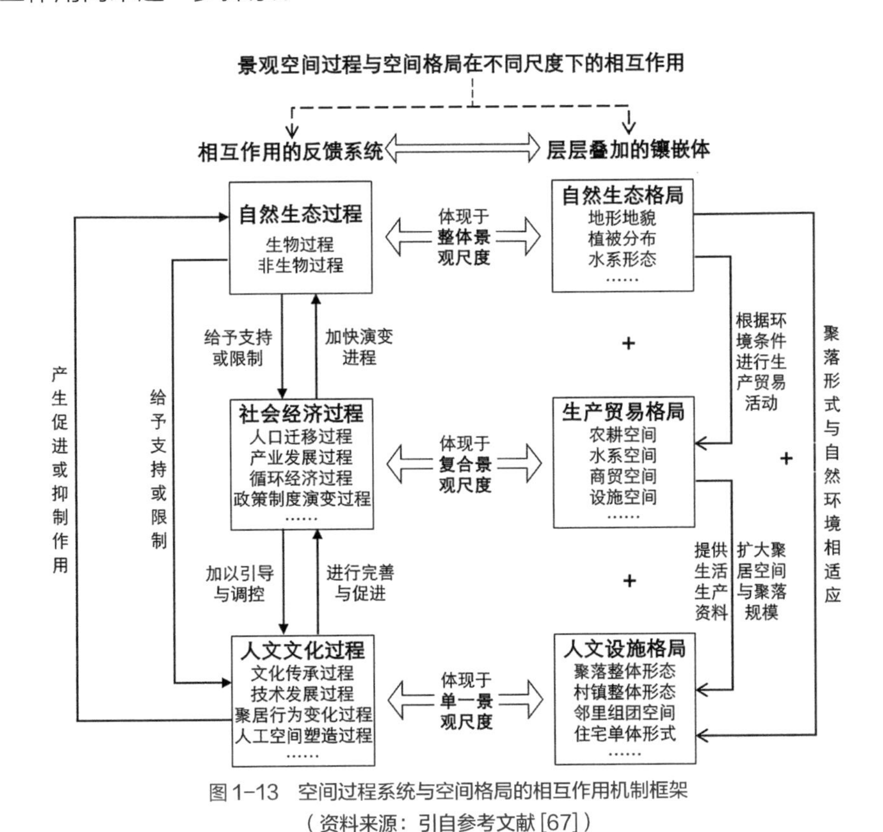

图 1-13　空间过程系统与空间格局的相互作用机制框架
（资料来源：引自参考文献 [67]）

4. 研究评述

从上述三种研究路径来看，基础科学对多过程相互作用的机制性研究尚不能为景观规划的实践应用提供有效的理论支撑，而景观规划对其应用研究并未触及机制层面的探讨。如表 1-3 所示，自然科学研究路径以景观生态学、水文生态学为代表，主要关注自然过程之间的相互作用关系，既有研究揭示了特定格局与单一过程、两两过程之间的相互作用关系，但缺乏对多个过程之间、自然过程与人文过程相互作用关系的研究，且两两过程相互作用关系研究缺乏与空间格局关系的探讨。人文科学研究路径以人文地理学为代表，主要关注人文过程与自然过程之间的相互作用关系，通过格局变化表征人文过程，揭示了格局变化与单一自然过程之间的相互作用关系，但其涉及的过程被简化为静态的指标，缺乏空间机制上的探讨。风景园林学路径主要关注于基于过程相互作用关系的空间实践应用，既有研究以景观安全格局理论为代表，提出了基于多个过程线性叠加关系的格局优化方法，但其中多个过程之间关系是独立不相干的。多个景观过程之间存在非线性相互作用关系是现实景观复杂性的客观表征，亦是景观空间规划实践中必须厘清的关键科学问题，所以，对多过程相互作用机制的研究亟待加强。

多过程相互作用机制的三种研究路径比较 **表 1-3**

研究路径	代表学科	研究落点	对本书的支撑	存在问题
自然科学研究路径	景观生态学、水文生态学	自然过程之间的相互作用关系	揭示特定格局与单一自然过程的相互作用关系；揭示两两自然过程之间的相互作用关系	①缺乏多个过程的相互作用关系研究；②缺乏自然过程与人文过程的相互作用关系研究；③缺乏两两过程的相互作用关系对景观空间格局的影响
人文科学研究路径	人文地理学	人文过程与自然过程之间的相互作用关系	揭示格局变化与单一自然过程之间的相互作用关系	过程被简化为静态的指标，缺乏空间相关的机制性研究
风景园林学研究路径	风景园林规划	基于多个过程相互作用关系的空间实践应用	提出基于多个过程线性叠加关系的格局优化方法	多个过程之间独立不相干，其优化方法本质上仍是基于单一过程的格局优化方法

1.5.2 秦岭北麓相关研究综述

1. 秦岭北麓研究进展总结

以“秦岭北麓”为主题在中国知网进行检索，共检索出 763 篇文献。如图 1-14 所示，秦岭北麓相关研究始于 1965 年，并从 2000 年之后呈迅猛增长的趋势。秦岭北麓学科研究分布广泛，主要集中于环境科学与工程、园艺学、农业资源利用、作物学、农业基础科学、政治学、农林经济管理水利工程、林学、应用经济学十个学科。在众多学科研究的支撑下，秦岭北麓研究呈现出广泛的跨学科综合发展趋势，不同学科之间相互交叉、相互渗透，并衍生出了很多研究主题（图 1-15）。根据秦岭北麓不同的空间定位，相关主题研究可以分为两大类：①作为秦岭北边的生态防线，生态环境保护一直是关注的热点与重点，如“专项整治”“生态环境保护”“水源涵养”；②作为西安市的城市

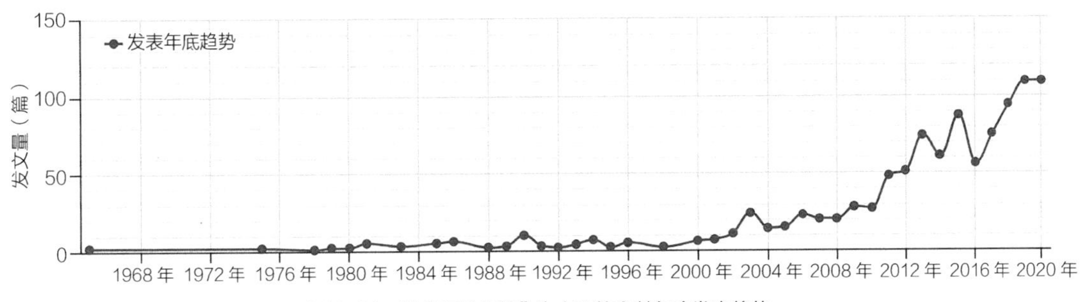

图 1-14　以“秦岭北麓”为主题的文献年度发表趋势
（资料来源：中国知网）

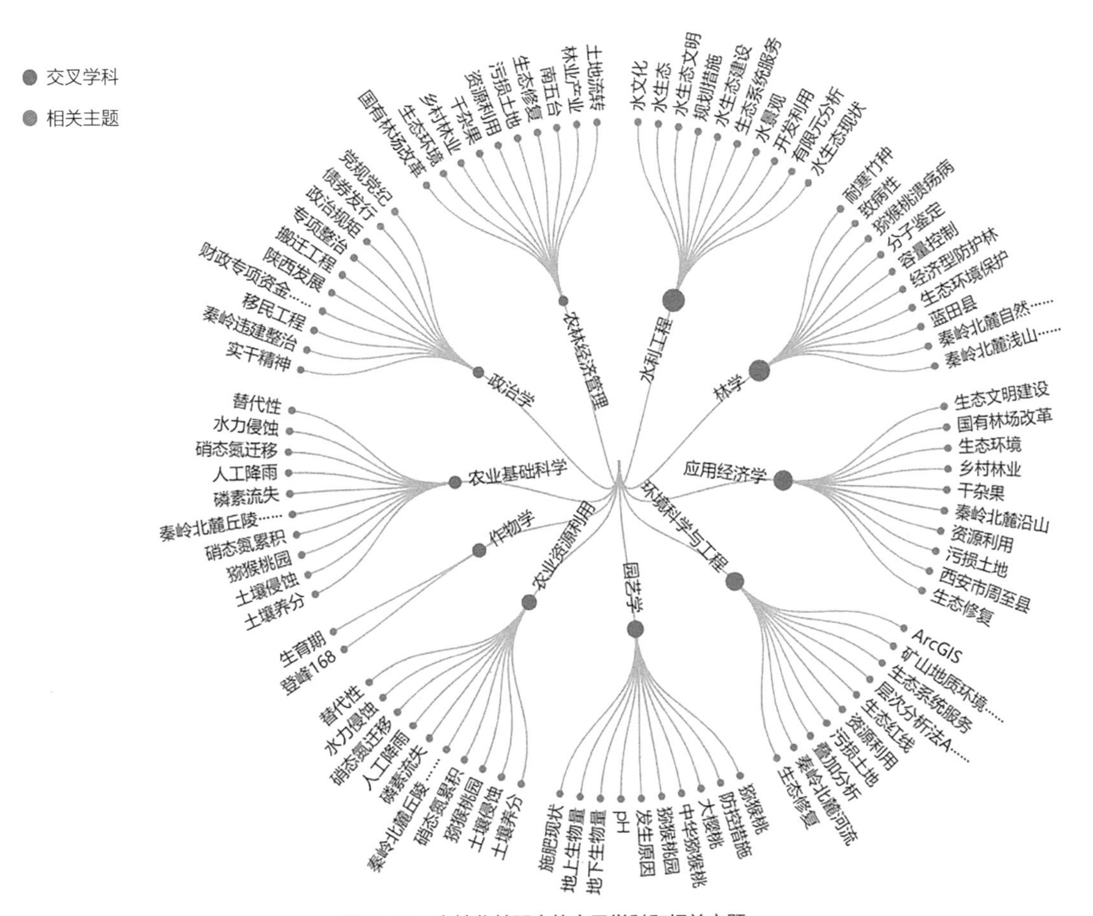

图 1-15　秦岭北麓研究的交叉学科和相关主题
（资料来源：万方数据知识服务平台）

边缘区，地域农业与旅游的发展是另一重要主题，如“猕猴桃”“猕猴桃产业”“土壤养分”“都市农业”“生态旅游”“乡村旅游”等。总的来说，秦岭北麓作为典型的山城交错带，人地关系（保护与发展）一直是区域的焦点问题，且相关研究呈“文献增长快”“多学科交叉”等特征。

2. 秦岭北麓主要景观过程研究综述

对于秦岭北麓景观过程的研究主要集中在水文学、动植物学等自然学科，且均是对单一自然过程的科学研究。本书以下将围绕秦岭北麓几类主要景观过程展开综述。

1）水文过程

秦岭北麓水文过程的既有研究主要集中于地表径流和地下水两大类。地表径流相关研究主要是应用 SWAT 模型 [68]、GIS 与 SCS 模型相结合 [69~71]、水文数理分析法 [72] 等对秦岭北麓地表径流进行分析，属于成熟模型或工具在特定场地的一般应用性研究。秦岭北麓地下水过程主要以长安大学王文科团队的研究为代表，基于对秦岭山前洪积扇特殊水文地质结构认识的基础上展开一系列研究。王文科等（2001）针对关中地区水资源分布特点和水资源开发利用存在的问题，全面系统地提出了关中地区水资源合理开发利用的八种模式，其中就包括秦岭山前洪积扇地下水库式开发模式 [73]。王文科等（2002）利用有限元和有限分析数值模拟技术对秦岭北麓洪积扇地下水库的调蓄功能进行模拟，并对地下水库调蓄的效益进行了分析 [74]。仇小强（2006）、康卫东等（2011）分析了秦岭北麓涝河山前洪积扇截洪引渗条件和截洪引渗方式、方案及其效果，采取数值模拟方法研究了截洪引渗与地下水库调蓄的协调作用 [75，76]。张倩（2014）、张薇（2015）对秦岭山前太平河洪积扇调蓄区进行引洪回灌试验及调蓄功能的数值模拟，研究结果显示回灌洪水能在较短时间内大量补给枯水期河流的基流量 [77，78]。康华等（2014）为了研究秦岭山前洪积扇地下水库调蓄功能，对太平河洪积扇进行地下水回灌试验，结果表明太平河、秦岭山前洪积扇调蓄估算量分别为 3374.8 万 m^3、27.04 亿 m^3 [79]。

2）养分迁移

秦岭北麓养分迁移相关研究以西安理工大学和西北农林科技大学相关学科研究成果为代表，根据研究方法的不同可以分为模型法和实验法两大研究类型。研究秦岭北麓养分迁移的模型包括 SWAT 模型 [80，81]、AnnAGNPS 模型 [82]、SCS 模型 [83，84] 等。实验法研究主要通过模拟降雨及数据监测等手段对秦岭北麓养分迁移过程进行分析，如《秦岭北麓小流域地面水质特征及农业面源污染负荷》（王莉等，2015）[85]、《模拟降雨条件下秦岭北麓土壤磷素流失特征》（陈曦等，2016）[86]、《降雨和施肥对秦岭北麓俞家河水质的影响》（郭泽慧等，2017）[87]、《秦岭北麓"坡改梯"农田土壤养分状况研究——以周至县余家河小流域为例》（张晓佳等，2015）[88]。

3）动物运动

由于历史土地整治运动及 2000 年以来城市化快速扩张的影响，秦岭北麓目前主要栖息的野生动物类型为啮齿类、鸟类及两栖类等边缘种，以至于对秦岭北麓野生动物相关研究极少。目前，对秦岭北麓动物相关研究主要集中在鸟类多样性，主要以陕西师范大学生命科学院相关学者的研究成果为代表。高学斌、赵洪峰等（2008）在 1980—1997 年和 2004—2007 年两个阶段对西安地区鸟类物种进行了调查，并通过比较来说明西安地区不同生境类型鸟类 30 年来的变化[89]。武宝花（2011）2009 年 9 月至 2011 年 1 月对西安市七种生境鸟类进行了调查，分析了西安市鸟类群落的物种组成及鸟类群落与其栖息地之间的关系[90]。徐沙等（2013）2011 年 4 月至 2012 年 6 月沿城市化梯度调查西安市六种不同生态景观中的鸟类区系和群落组成，从时空尺度上分析了西安市城市化扩展进程对鸟类群落的影响[91]。

4）基于自然过程的空间格局优化

秦岭北麓基于自然过程的空间实践研究以西安建筑科技大学岳邦瑞团队的研究成果为代表，其数年来的硕士论文基于格局与过程关系理论对秦岭北麓鄠邑区段的景观规划、河道优化与修复、生态风险空间管控、生态服务功能恢复等展开一系列研究。张鹏（2014）以景观安全格局理论为指导，基于对秦岭北麓太平峪防洪、生物、游憩等过程的分析构建了景观安全格局[92]。康世磊（2015）基于格局与过程关系理论，对秦岭太平河垂直水文过程、养分过程（指氮、磷等养分在景观中不同生态系统或景观单元之间的流动和循环）、动物运动、水平水文过程进行分析，并分别对各景观过程提出了相应的景观优化策略[93]。冯若文（2016）以恢复河流生态系统自然过程连续性的视角，提出从流域尺度到河段尺度秦岭北麓太平河自然过程连续性的生态修复规划策略[94]。郭翔宇（2018）、张聪（2018）、杨雨璇（2018）等三人基于“格局 - 过程 - 功能”框架，分别对秦岭北麓鄠邑段甘河生态服务功能恢复、基于格局与过程关系的涝河景观格局优化、太平河景观空间格局管控展开研究[95~97]。

3. 研究评述

由于秦岭北麓景观的复杂性、重要性，众多学科共同推动着秦岭北麓保护与发展的研究。秦岭北麓景观过程相关研究反映了地域高校不同学科、团队的研究特色与优势，为我们理解秦岭北麓单一景观过程提供了重要的研究支撑：

（1）秦岭北麓关于水文过程的既有研究重点关注了山前洪积扇特殊水文地质结构条件下的地下水补给过程，并强调地下水调蓄的社会与环境效益。秦岭北麓的水文过程塑造了山前洪积扇的特殊水文地质结构，而洪积扇的水文地质结构又反过来决定着各类水文过程的运行轨迹。这也体现了景观生态学中的格局与过程关系原理——“过程塑造格局，格局影响过程”，为我们理解秦岭北麓水文过程及相关空间格局优化提供了科学支撑。

（2）模型法不受地域时空、实测数据要求等限制，在秦岭北麓养分迁移研究中的应用较实验法广泛。此外，不管是模型法还是实验法，相关研究均是探讨地表径流影响下的养分迁移过程，这对我们认识研究区水文过程与养分迁移的相互作用机制具有重要启示。

（3）秦岭北麓关于动物运动的既有研究聚焦于鸟类，且主要关注鸟类与栖息地之间的关系。由于具有生态位分化显著，对生境变化敏感及易于辨认等特点，鸟类成为被广泛用于表征生物多样性变化特征的指示类群之一[98]。所以，基于现有的研究成果，鸟类可以作为我们研究秦岭北麓动物运动以及表征秦岭北麓生态环境的代表物种之一。

（4）对秦岭北麓基于景观过程的格局优化研究已从格局与过程关系向"格局－过程－功能"延伸，并提出了恢复自然过程有序运行的空间设计策略。但尽管这些研究已关注到秦岭北麓不同景观过程分析及优化，仍未触及多个过程与格局、多个过程之间相互作用的机制层面的探讨。

尽管秦岭北麓主要景观过程的既有研究为本书提供了支撑，但由于学科交叉的缺失，对于秦岭北麓多个自然过程之间的相互作用机制的研究与应用尚未见文献探讨（表1-4）。秦岭北麓的水文过程驱动着地表养分迁移，也影响着鸟类（尤其是涉禽）的栖息地活动。深刻理解秦岭北麓多个过程之间的相互作用机制是我们进行景观格局优化的基础。所以，对于秦岭北麓多个过程相互作用机制的研究具有重要的理论意义和现实意义。

秦岭北麓主要景观过程既有研究比较 **表1-4**

主要景观过程	相关研究代表院校	对本书的支撑	存在问题
水文过程	长安大学	秦岭北麓洪积扇地下水调蓄过程是区域重要的水文过程	缺乏多个过程之间相互作用机制的研究与应用
养分迁移	西安理工大学、西北农林科技大学	以模型法为主，关注地表径流影响下的养分迁移	
动物运动	陕西师范大学	鸟类可以作为本区域生境的代表性物种；关注城市化（土地利用变化）影响下鸟类的多样性	
基于自然过程的格局优化	西安建筑科技大学	对秦岭北麓基于景观过程的格局优化研究已从格局与过程关系向"格局－过程－功能"延伸，并提出了恢复自然过程有序运行的空间设计策略	

1.6 研究方法

1.6.1 景观格局演变研究方法

景观镶嵌体的空间格局是景观生态学研究的主要兴趣所在，但景观生态学回答的是人类可感知的时间尺度内（100 年）景观格局的变化机制，解释更大时间尺度的机制需要借助历史地理学、景观生态学的研究方法。历史文献资料考证、野外实地考察法等定性研究方法是历史地理学研究的基本方法[99]，而景观生态学则以地理学空间分析法、生态学的模型构建等定量研究方法为主[100]18-19。所以，本书景观格局演变分析采取定性与定量相结合的方法。

1. 历史地理学研究方法——定性分析

本书采取文献查阅法分析秦岭北麓鄠邑段历史时期景观格局演变特征。自然演进时期的景观主要由人类定居与开发之前的植被与水面构成，它反映的是我们当前所见景观的初始状态。人 - 自然共同演进时期反映的是人类不同阶段的不同层次需求驱动下改造景观的过程，受人口、技术、经济、政策、文化等因子影响。如图 1-16 所示，对于历史时期景观格局演变研究的资料来源，自然演进时期的资料主要来自“自然档案（Natural Archives）”，人 - 自然演进时期的资料来自于“文件档案（Documentary Archives）”[101]。“自然档案”“文件档案”的资料具体涉及考古学研究、历史文献、地方志、口述史、档案等文档。

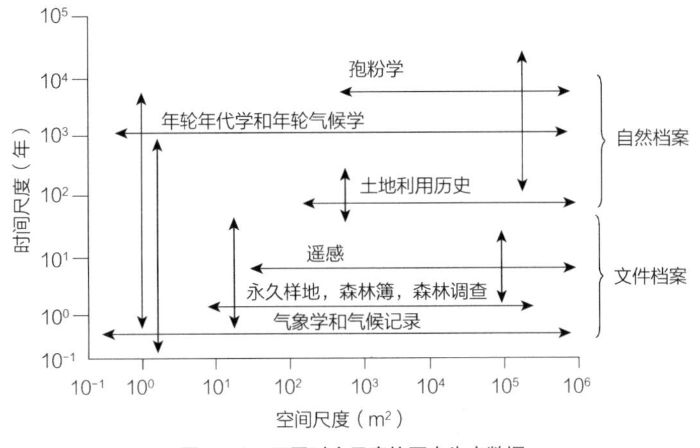

图 1-16　不同时空尺度的历史生态数据
（资料来源：改绘自参考文献 [101]）

2. 景观生态学研究方法——定量分析

景观生态学（也包括自然地理学）中研究景观格局变化的方法非常成熟，现将其分别阐述如下。

1）马尔科夫转移矩阵模型

马尔科夫模型是指在一系列特定的时间间隔下，一个亚稳态系统由 t 时刻状态向 $t+1$ 时刻状态转化的一系列过程，这种转化要求 $t+1$ 时刻的状态只与 t 时刻的状态有关[102]。其转移矩阵的数学表达式为：

$$C=\begin{Bmatrix} C_{11} & C_{12} & \cdots & C_{1j} \\ C_{21} & C_{22} & \cdots & C_{2j} \\ \vdots & \vdots & \vdots & \vdots \\ C_{i1} & C_{i2} & \cdots & C_{ij} \end{Bmatrix} \tag{1-1}$$

式中　C_{ij} 是土地利用类型中第 i 种和第 j 种类型之间相互转化的数量。

马尔科夫转移矩阵模型对分析不同程度和不同类型土地的动态变化具有重要的作用[102]。根据土地变更调查数据，利用马尔科夫模型来说明不同类型土地之间的相互转化情况，从而揭示出它们之间的转移速率，并预测其未来发展状况，对分析土地利用动态变化有着极其重要的理论意义[102]。

2）土地动态度模型

单一土地利用动态度可定量描述区域一定时间范围内某种土地利用类型变化的速度[103]。公式表达为：

$$K=\frac{U_\mathrm{b}-U_\mathrm{a}}{U_\mathrm{a}}\times\frac{1}{T}\times 100\% \tag{1-2}$$

式中　U_a——研究期初某一种土地利用类型的数量；

U_b——研究期末某一种土地利用类型的数量；

T——研究期时段长[103]；

K——研究时段内某一土地类型的年变化率（当 T 设定为年时）[103]。

3）景观格局指数分析法

景观格局指数（Landscape Metrics）是指能够高度浓缩景观格局信息，反映其结构组成（Composition）和空间配置（Configuration）某些方面特征的简单定量指标[104]106。景观格局特征可以从斑块（Patch）、类型（Class）和景观（Landscape）三个层次上分析，所以，景观格局指数也可以相应地分为单个斑块的指标（Patch Metrics）、类型的指标（Class Metrics）和整体景观的指标（Landscape Metrics）。

景观层级指数对于初步的整体分析相当有用，类别层级指数则适用于深入地分析，而斑块层级的指数可作为进一步的详细规划方案应用[63]。

Fragstats 是当前国际上通用的景观格局分析软件，其景观指数分类体系主要是针对栅格数据进行运算的。Fragstats 划分不同景观指数类别，主要包括面积和边缘指数（Area-Edge Metrics）、形状指数（Shape Metrics）、核心面积指数（Core Area Metrics）、对比度指数（Contrast Metrics）、聚集度指数（Aggregation Metrics）、多样性指数（Diversity Metrics）等类别。本文使用 Fragstats 4.2 对景观格局指数进行分析与研究。

1.6.2 多过程相互作用机制研究方法

1. 多过程相互作用机制研究的问题与挑战

对景观过程相互作用机制的认识一般蕴藏在生态学、地理学等自然科学及社会科学的基础性研究中，但传统基础性学科研究基于科学事实提炼出来的理论和知识与风景园林规划实践存在错位问题。其一，基于数理实验发展而来的现代科学本质上是控制论科学，强调单因子假设验证。以生态学为例，“生态学日益发展成为一门实验科学……生态学家们越来越多地利用实验来验证自然的理论”，但生态系统始终处于演化过程之中，实验室方法不可能还原整个自然界所有的影响因子与关系[105]。如生物规划保护中的大部分模型是线性模型，“因为它们描述的实证主义，只能提供局部的保护对策，以生物学为中心的解决方案去解决由社会和经济问题所驱动的规范性和复杂的保护问题”，进而导致规划与行动的脱节（“Planning-Action Gap”）[106]。其二，现代科学知识追求抽象性和普适性，“用确定事物相关关系的函数性（Functional）取代关于事物本性的实体性（Substantial）”[107]。但规划师所面对的场地却因不同的地理、文化等条件塑造而有异于其他地方的独特性，其所要解决问题的方案也需要因地制宜。所以，将一般性生态科学知识直接应用于具体场景的整体实践中，将导致实践无法达到原有目标[108]。除此之外，科学理论知识指导规划实践的有效性往往还受到规划师将科学理论知识准确迁移到场地的能力限制。

2. 分析多过程相互作用机制的几个前提假设

1）研究事物之间的相互作用机制就是研究事物之间的因果关系链条

事物的运动变化都是其内外因素的相互作用产生的，事物相互作用的过程也就是因果关系体现的过程。事物的相互作用过程本身为原因方面，由相互作用过程所产生的事

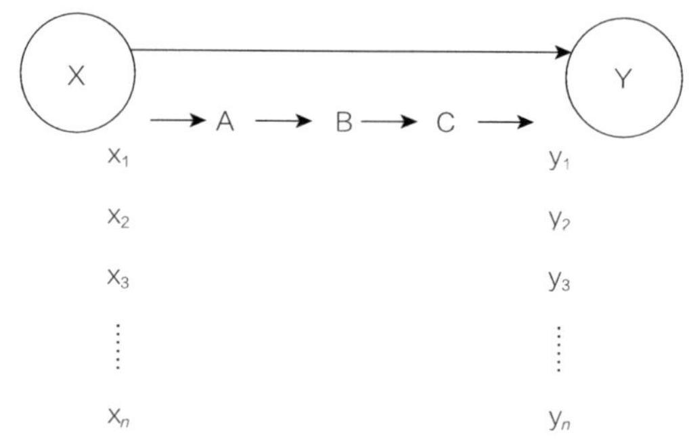

图 1-17 因果机制：降低层次、缩短时滞
（资料来源：引自参考文献 [110]）

物状态变化是结果方面[109]。所以，可以说研究事物之间的相互作用就是研究事物之间的因果关系。

如果“X 导致了 Y”，那么我们就认为 X 与 Y 之间存在因果关系。但在具体研究中我们并不会满足于此，而是希望能解释“X 是如何导致 Y 的？”机制研究就是探究 X（原因）与 Y（结果）之间的环节或过程。因果机制的研究有利于我们降低解释问题的分析层次，并可以缩短原因和结果之间的时滞[110]。如图 1-17 所示，降低分析层次使研究者对问题的分析和阐释更加接近我们的直接经验，有助于我们理解和思考问题本身；缩短时滞有利于研究者挖掘原因和结果之间的实体和环节，这让我们更清楚因果作用的链条[110]。

2）抓取事物相互作用关系中的关键变量更易于分析

林毅夫（2012）认为，“……但是任何理论都不是现象本身，都只是解释现象的工具，只要求能够解释现象的主要特征，所以只是在阐述几个很简单的主要变量之间的关系”[111]。任何事实或现象都受到众多因素的影响，由于研究手段和条件的限制不可能对经验事实之间的各种关系都加以考察，因此在分析事实时必须对事实进行必要的简化，借助于理性思维中抽象与想象的力量，排除事实中那些（在理论家看来）无关紧要的因素，提取研究对象的重要特征，即筛选出问题的关键变量，从而使事实易于分析，并以纯粹的形态（观念上的纯净体）呈现出来[112]。

3）情境化是实现将科学理论知识准确迁移场地的有效途径

科学的主要目的就是解释[113]38，而解释必须是因果性的[110]，如何应用科学研究成果解释场地现象背后的因果机制则考验着规划师的知识迁移能力。在科学研究中，我们通过归纳从现实世界的具体特定现象推导到科学的一般规律；在具体实践中，我们又借助科学的一般规律去解释现实的特定现象。但是从抽象通用的科学规律到复杂现实世界的特定现象之间存在巨大的鸿沟（图 1-18）[114]。这就要求我们以实践者的视角去重新

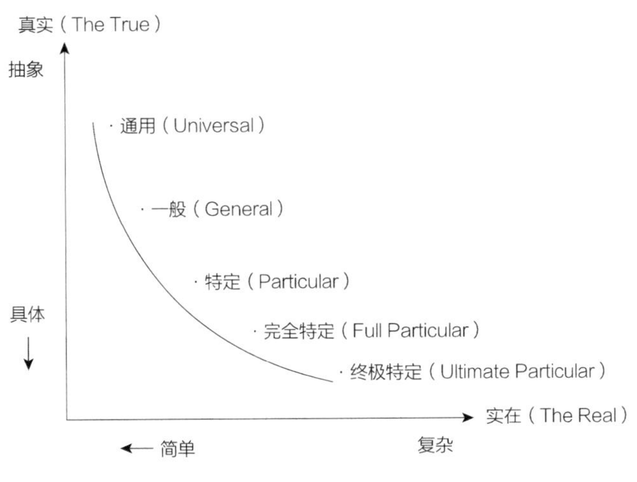

图 1-18　从通用到终极特定
（资料来源：改绘自参考文献 [114]）

学习，读懂并能白话诠释这些传统科学研究成果，使这些晦涩的、字面的科研成果变得可读、可视、可用。所以，如何应用科学研究成果本质上是一个如何学习知识的问题。

心理学和人类学均认为知识具有情境性，学习者最好基于情境而习得知识[115]。去情境化的抽象知识学习方式常常会导致“呆滞知识”（Inert Knowledge）的产生[116]。知识只有在与周围环境有机交互作用的过程中获得时，学习者才能再次较好地将知识应用于解决现实情境中的各种问题。

3. 情境化变量因果关系研究法

情境化变量因果关系研究法　　表 1-5

步骤 1：相关科学研究诠释（Theory）	步骤 2：地域化情境表征（Situated）	步骤 3：变量相互作用因果链分析（Causal Chain）	步骤 4：关键变量识别（Key Process）	步骤 5：关键变量的因果关系情境化分析（Contextualization）
相关专业（水文、生态、地理等）中关于两两过程相互作用的理论、原理、发现等诠释	两两过程相互作用的现象在研究区域的具体表现	两两过程所有变量相互作用的因果链分析	在所有相互作用因果链中识别一对关键作用变量	对所选取的关键变量因果关系进行验证，验证方法包括模型模拟、数据验证、相关科研成果佐证等

基于以上所提出的几个前提假设，本书提出多过程相互作用机制的研究路径：情境化变量因果关系研究法。该方法主要包括五个基本步骤：相关科学研究诠释—地域化情境表征—变量相互作用因果链分析—关键变量识别—关键变量的因果关系情境化分析（表 1-5）。

1.7 研究内容

根据秦岭北麓鄠邑段现实问题、学科问题及研究目标，本书按照提出问题、分析问题、解决问题、总结问题的研究逻辑展开，其框架如图 1-19 所示。

本书的内容主要分为三大板块：

（1）秦岭北麓鄠邑段景观空间格局演变特征分析。具体内容包括：①秦岭北麓鄠邑段景观空间特征分析；② 2000—2016 年（城郊景观时期）秦岭北麓鄠邑段土地利用类型变化分析；③2000—2016 年秦岭北麓鄠邑段景观格局斑块及景观整体特征变化分析；④ 2000—2016 年秦岭北麓鄠邑段廊道特征变化分析。

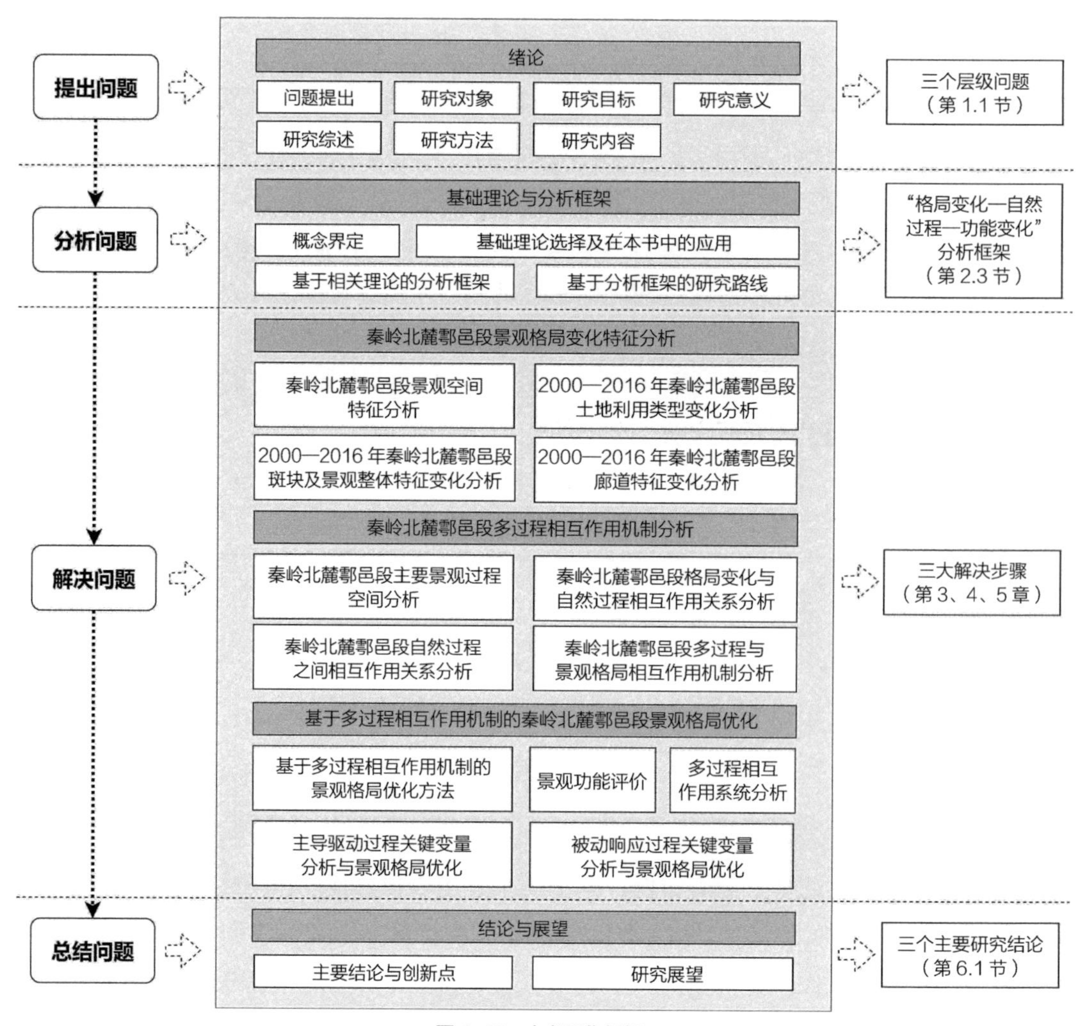

图 1-19　本书写作框架

（2）秦岭北麓鄠邑段多过程相互作用机制分析。具体内容包括：①秦岭北麓鄠邑段主要景观过程分析；②秦岭北麓鄠邑段格局变化与自然过程相互作用关系分析；③秦岭北麓鄠邑段自然过程之间相互作用关系分析；④秦岭北麓鄠邑段多过程与景观格局相互作用机制分析。

（3）秦岭北麓鄠邑段景观格局优化。具体内容包括：①基于多过程相互作用机制的景观格局优化方法；②景观服务功能评价；③主导驱动过程关键变量分析与景观格局优化；④被动响应过程关键变量分析与景观格局优化。

2 基础理论与分析框架

在提出问题之后，我们需要“站在巨人的肩膀上”去寻找解决问题的理论工具。在既有的“理论工具箱”中，有哪些最适合解决本书问题的基础理论工具？如何基于相关基础理论提出本书的分析框架？本章将围绕这两个核心问题展开研究。

2.1 概念界定

2.1.1 景观格局

1. 景观格局的内涵

景观生态学中的格局（Pattern）即空间格局，具体包括景观组成单元的类型、数目以及空间分布与配置 [104]17。景观格局作为一种外显的、形态化的因素，它是自然力和人类力共同作用下形成的，表现为各种复杂的自然活动过程和人类活动过程在土地及空间上的投影 [104]。在一定程度上，人们所看到的景观格局就是某一时刻景观演替过程的瞬时状态。

2. 景观格局的外延

目前理解景观格局主要有两种基本概念模型：①斑块 - 廊道 - 基质组成和空间构型；②边界（Boundary）- 交错带（Ecotone）- 梯度（Gradient）格局（图 2-1）。在过去的 30 多年里，Forman（1986）所提出的“斑块 - 廊道 - 基质”模型已经成为理解陆地

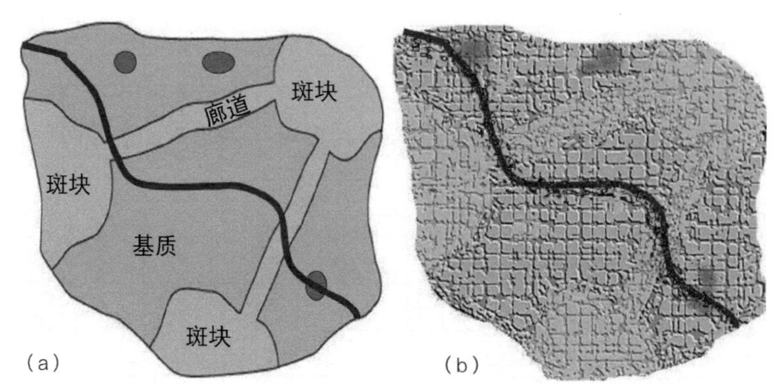

图 2-1　两种景观格局的基本认知模型
（a）镶嵌体模型；（b）梯度模型
（资料来源：改绘自参考文献 [117]）

上自然和人工格局的主要模型，这种格局模式是基于景观是一种镶嵌体结构的理解。但这种由分离斑块组成的景观结构，通常忽视了斑块内或斑块之间某些变量的连续性变化[117]。梯度与镶嵌体相对，代表了一种连续体（Continuum）的景观格局认知视角[118]。

在具体研究中，景观格局可以看成是构成景观的土地利用 / 覆被类型的形状、比例和空间配置。景观是由不同生态系统组成的地表综合体，这些生态系统经常由不同的土地利用或土地覆被类型来表征[100]。在区域尺度上，景观格局的变化主要表现为土地利用状况的改变[119]。由于景观类型数据一般通过土地利用类型图来获取，许多研究常用景观格局变化来反映土地利用格局的变化[120]。

2.1.2 景观过程

1. 景观过程的内涵

“过程”中文一词在《现代汉语词典》（商务印书馆）中解释为：事物发展所经过的程序；阶段。在英文中，“process”一词由词根“pro-”和“-cess”组成，其中“pro-”意为“向前”，“-cess”表示“走，行”，二者合起来即为“向前走”的意思。所以，无论中、英文词义，“过程”均有包含时间性的“经过”与“程序”之意。李双成（2013）认为，所谓过程是指变量（单变量或多变量）的时间变化曲线[121]185。该概念中蕴含主体是变化的、变化具有历时性两层意思。过程是反映状态演化的时间性概念，即任何过程的发生必须在一段时期内（非一个时间点）。

“景观过程”的概念必然是“过程”变化性、历时性与“景观”空间性的统一。景观生态学中的“源”“汇”景观理论将景观（格局）与过程结合起来，基于景观空间单元或要素在景观过程中的不同作用，将其分为“源”景观、“汇”景观[122]。“源”景观是指在格局与过程研究中，那些能促进景观流过程产生、迁移的景观要素；“汇”景观是指那些能延缓、阻碍景观流过程的景观要素。同时，为了便于理解，我们将那些最终能接纳、聚集景观流的景观要素称为“受体”景观[123]。所以，景观过程强调时空二维的统一，具体是指物质、能量、物种及人类活动随时间变化在空间上从“源”到“汇”的流动过程（图 2-2）。

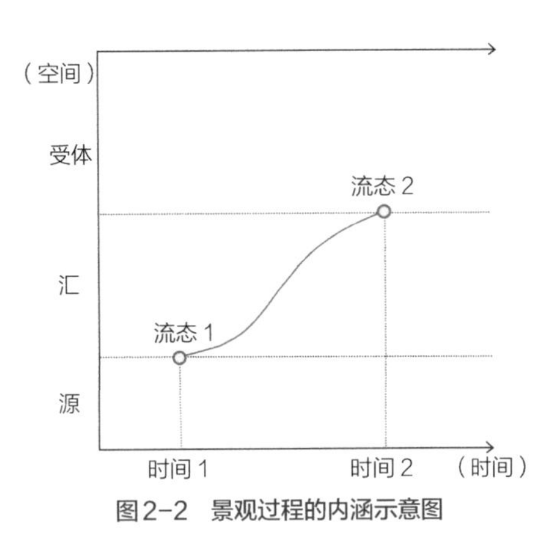

图2-2 景观过程的内涵示意图

在生态学、地理学等相关学科领域，有两个内涵类似、经常与景观过程混用的概念——生态过程、地表过程。生态过程（Ecological Process），是生态学、景观生态学的核心概念之一，指物质和能量在景观要素内部及其之间的流动，主要涉及种子或生物体的传播、群落演替、捕食者和猎物的相互作用、养分与水分的运动和干扰等[124~126]。地表过程（Earth Surface Processes），是地球科学的重要研究内容之一，是指地球表层系统随时间、空间的变化而产生的整体状态和组分序列结构的变化过程[42，127]。可以看出，陆地表层系统是涉及从种群、群落到区域、全球尺度的复杂巨系统，地表过程的定义必然涵盖了景观过程和生态过程的内涵与外延。景观过程更强调生态系统之间或景观尺度上一切对景观空间起到塑造、影响和改变作用的地表过程。

2. 景观过程的外延

按照过程内在形成与演化机制将其划分为自然过程与人文过程是目前地理学、生态学及风景园林等学科最常见的划分方式。其中，自然过程包括物理过程、化学过程、生物过程等，自然过程与人文过程研究涉及气象、地理、生物、物理、化学、环境、人文等诸多学科，为多学科、多要素的综合体。

自然过程具体体现为景观“流”的形式，主要包括能量流、物质流（空气流动、水文过程、养分迁移）、物种流（动物运动）等。按照系统论能量消耗最小化原理，景观格局中组分之间的物质流、物种流将选择最小的能耗路径运行。受不同空间组分的影响，这些流分别表现为聚集和扩散，属于不同生态系统之间的流动，以水平流为主[128]34。

人文过程包括人口空间过程（人口迁移）、经济活动聚集与扩散过程、基础设施网络拓展过程、社会文化传播与扩散过程等[54]。人文过程及其结果的直接空间表达形式是土地利用变化，并通过土地利用变化作用于地质地貌、水文、土壤、生物等自然过程，土地利用因此被人文地理学视为研究人文过程与自然过程相互作用关系的桥梁[54]。自然过程与人文过程相互作用是多过程耦合机制中的核心部分，其本质上仍是人地关系的探讨。所以，在人文地理学相关研究中，一般通过土地利用变化来揭示自然过程与人文过程相互作用的效应与影响。

需要强调的是，景观发育或演变过程不属于景观“流”过程的狭义理解范围。很多地理学或生态学领域的文献将地貌格局的形成与演化、水系发育，甚至是土地利用变化等归为生态过程或地表过程，其实是将格局变化等同于过程。以地貌发育与演变过程为例，由侵蚀、风化和生物化学作用，在重力、流水、大气和冰川的影响下沉积物进行侵蚀、运输和析出，这些沉积物空间迁移变化的瞬间显示即地貌格局，而多个时间切片序列上的地貌格局反映出来的就是地貌发育与演变过程（图 2-3、图 2-4）[129]。所以，不少研究者认为“过程是流动的格局，格局是凝固的过程”[121]193。但狭义地来看，地貌演化过程是指地貌空间格局的变化，而非沉积物的空间迁移，这两种过程发生的主体不同，

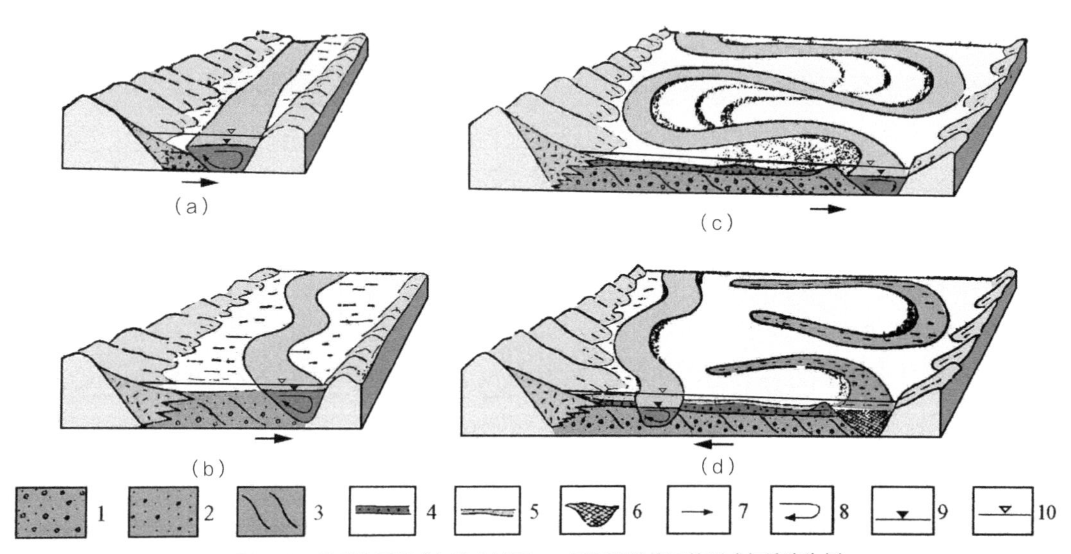

图 2-3 景观格局形成与演变过程——以河漫滩格局的形成与演变为例
1~3—河床冲积物(1—砾石，2—砂和小砾，3—淤泥夹层)；4—早期河漫滩沉积物细砂；5—晚期河漫滩沉积细砂；6—牛轭湖淤泥沉积；7—河床移动方向；8—环流；9—枯水位；10—洪水位
(资料来源：改绘自参考文献 [128])

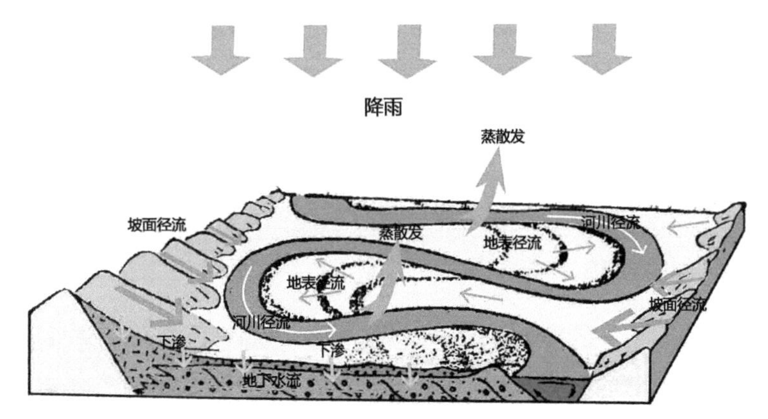

图 2-4 景观流过程——以水文过程为例
(资料来源：改绘自参考文献 [128])

其变化机制也截然不同。为了避免对下一步研究造成困扰，本书将格局的变化过程(即景观形成与演变过程)不纳入景观“流”过程外延的讨论范畴。

2.1.3 相互作用机制

1. 相互作用机制的内涵

“相互作用”在哲学中是一个古老而又不断被提及的概念。早在古希腊时期的哲学家亚里士多德就曾指出，由于不同事物“会同时以许多方式互相发生作用：它们每一个都能够同时引起其他东西的改变而本身又被其他东西所改变”[130]273。受历史上不同思想的影响，人们对相互作用的理解不同：①相互作用就是指矛盾，即事物的对立统一关系；②相互作用指事物现象间的因果关系；③相互作用指事物之间的作用与反作用；④相互作用指物质客体和现象之间的一切联系和关系[131]。在现代科学研究成果的支撑下，哲学与系统科学领域目前已对相互作用的内涵达成了共识[131~133]：即指系统组分之间以及系统与外部环境之间以某种方式进行物质交换、能量转移和信息传递的过程，进而互相约束对方原先的状态。

“机制”是事物内在具有的原理、规律，它自发地对事物起作用[134]。机制的本义是通过揭开“黑箱”并展示“机器内部的齿轮”来提供解释。机制的含义包括两个维度：“横向”——因果链条上在先的原因解释现象，“纵向”——以微观解释宏观[135]。在社会科学看来，机制就是解释事物间内在的因果关系。一般来说，由多个因果关系形成的连续的、稳定的过程，就构成了某种机制，利用它可以实现人们一定的目的[136]。

在具体研究中，与相互作用紧密相关的一个概念是因果关系。恩格斯曾指出：“相互作用是事物的真正的终极原因。我们不能追溯到比这个相互作用的认识更远的地方……只有从这个普遍的相互作用出发，我们才能了解现实的因果关系。”[137]328-329 在自然辩证法看来，因果关系是由相互作用来定义的。与因果性相比，相互作用是更为本质的概念。原因是因素的相互作用过程，结果是因素相互作用的效应及其痕迹[138]。所以，因果关系中的因果链条也可以看成是因与果之间物质、能量、信息的转移路径（即相互作用的过程或环节）。

2. 相互作用机制的外延

在系统科学看来，系统的相互作用可以分为两种：线性相互作用与非线性相互作用。线性和非线性是数理科学中用以区分不同变量之间关系的一对概念。如果一个算子 L 满足：① $L(u+v)=L(u)+L(v)$；② $L(\lambda u)=\lambda L(u)$，其中 λ 为常数，u、v 为任意函数，则称 L 为线性算子，否则称为非线性算子[139]。在某一变化过程中，因变量与自变量的比值保持不变，则称变量之间的关系是线性关系，若两个量不成正比关系则称为非线性关系[140]。

对于线性相互作用系统，系统的整体性质就是各子系统孤立存在时性质的简单和，即整体等于部分之和[139]。非线性相互作用是相对于线性相互作用而言的，二者之间一个明显的区别就是叠加性质有效还是无效。相互作用的存在必将使参与相互作用的事物通过对方而作用于自身，从而形成正的或负的反馈回路，起到放大或抑制作用，使任何初始变化都会产生不成比例的响应，呈现非线性现象[141]。在现实世界中，线性是特殊的，而非线性才是普遍现象，世界本质上是一个复杂的、非线性的世界。

2.2 基础理论选择及在本书中的应用

选择相关基础理论首先需要回答这些理论在风景园林学中的语境是什么？提出是被用来解决什么问题？本书所选的基础理论及依据如表 2-1 所示。

本书的基础理论选择及依据　　表 2-1

理论名称	在风景园林学中的应用语境	理论的目标
格局 - 过程关系原理	格局和过程之间的动态关系是风景园林规划过程的根本，风景园林规划与景观生态学相结合之后，风景园林规划甚至被认为是基于格局与过程关系原理的规划[142，143]	揭示自然过程与景观格局、自然过程与自然过程之间的相互关系
景观演变理论	景观是一个不断发育与演变的历时性过程，时间性是景观的本体特征之一	揭示景观格局变化的阶段性特征
系统非线性相互作用原理	景观作为风景园林规划的研究对象，是由大量相互作用的生态系统与社会系统自发形成的复杂系统	揭示多个要素之间的相互作用机制

2.2.1 格局 - 过程关系原理

景观生态学认为，“过程产生格局，格局作用于过程，格局与过程相互作用具有尺度依赖性”[100]49。但现实中，空间格局与生态过程的关系极其复杂，表现为非线性关系、多因素的反馈作用、时滞效应以及一种格局对应多种过程的现象等[16]。格局与过程的相互关系可以归纳为三个层次：过程在形成景观格局时起决定性的作用；已形成的格局对过程或流具有基本的控制作用；二者相互作用塑造了景观的整体动态[123]。

陈利顶等（2006）提出“源”“汇”景观理论被认为是理解景观格局与过程动态关系的有效途径，其理论要点主要有：①在格局与过程研究中，异质景观可以分为“源”“汇”景观两种类型，其中“源”景观是指那些能促进过程发展的景观类型，“汇”景观是那些能阻止或延缓过程发展的景观类型；②“源”“汇”景观的性质是相对的，对于某一过程的“源”景观，可能是另一过程的“汇”景观，“源”“汇”景观的分析必须针对特定的过程；③“源”“汇”景观区分的关键在于判断景观类型在生态过程演变中所起的作用，是正向推动作用还是负向滞缓作用；④不同类型的“源”（或者“汇”）景观对于同一种生态过程的贡献不同，在分析景观格局对生态过程的影响时需要考虑这种作用的差异[122]。

2.2.2 景观演变理论

20 世纪 60 年代，风景园林规划先驱麦克哈格在其划时代巨著《设计结合自然》

（*Design with Nature*）中提出“过程价值论”：任何一个地方都是历史的、物质的和生物的发展过程的综合，这些过程是动态的，它们组成了社会价值[61]126，人类所有的规划设计活动必须遵循“自然演进过程（Natural-process）”。麦克哈格在“海洋与生存——沙丘的形成与新泽西海岸的研究”中，结合生态史、环境史、灾害史等信息，分析了新泽西海岸沙丘五个不同时间段的空间演进过程，并据此对海岸沙丘带景观格局作出规划用地布局。景观演变过程分析作为从时间维度理解景观变化规律的途径，已经成为指导规划师规划实践的重要工具之一。通过景观格局演变过程的分析可以补充现状资料所缺失的知识、信息（如地方性知识、历史经验等），使系统的认知更加全面[144]。

在景观生态学家看来，景观随着人类的影响程度不同，其演进呈梯度变化：从没有明显人类影响的自然景观到人类活动主导的城市景观。Forman 和 Godron（1986）按照景观变化的梯度将景观划分为五种基本类型：自然景观、管理景观、耕作景观、城郊景观、城市景观[145]。Naveh 和 Lieberman（1990，1993）则将景观分为自然景观、半自然景观、半农业景观、农业景观、乡村景观、城郊景观、都市 - 技术景观等，并以全新世以来地中海文化景观的演化为例，根据不同时期出现的人类状态因子将地中海文化景观演化过程划分为自然、半自然、农牧业、新技术四个阶段[146]261-264。

2.2.3 系统非线性相互作用原理

贝特朗菲、普利高津、哈肯等人对系统科学的开创性探索，揭示出了系统非线性相互作用的三个特点：相干性、不均匀性、不对称性[147，148]（图 2-5）。

1. 它是不独立的从而可以相干的相互作用

贝特朗菲在考察一般系统特性时，揭示了整体性是相互作用系统的最基本特征。对象之间存在着的相互作用不再只是简单地从数量上叠加，而将相互制约、耦合成为全新的整体效应[147, 148]。系统中之所以能有新质产生，原因就在于子系统之间具有着相干性；整体之所以不等同于部分之和，原因也在于这种相干性[148]。通常用以论述系统整体性的所有论据，实质上都是相干性的表现[148]。

2. 它是在时空中不均匀的相互作用

普利高津采用热力学方法考察系统时，揭示了系统在时空中不均匀相互作用的特点：随着相互作用的时间、地点及条件不同，其表现的方式和效应也不同[148]。

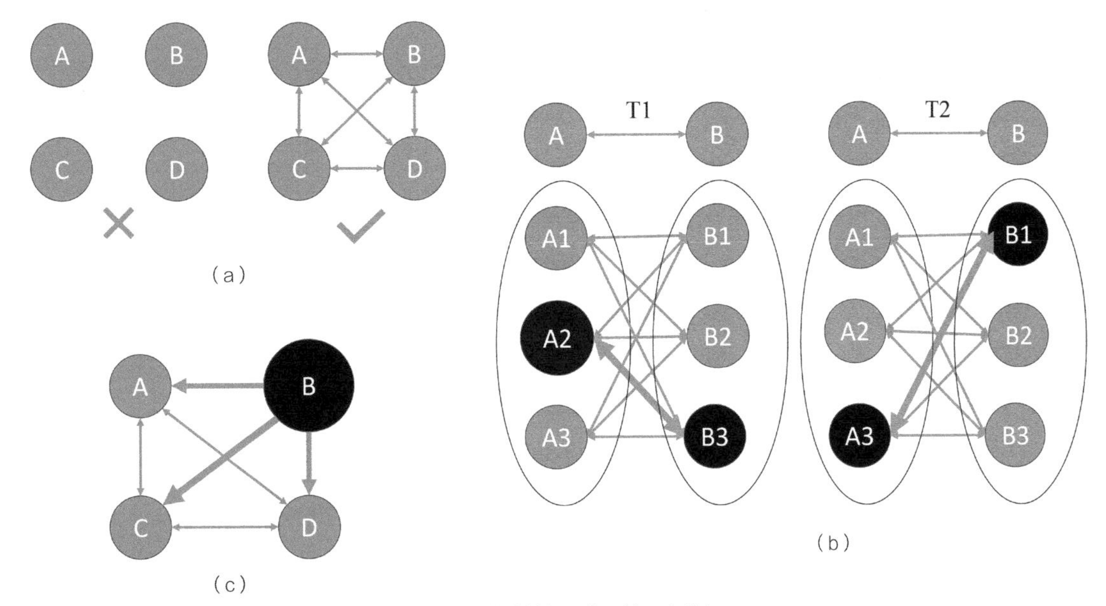

图 2-5 非线性相互作用的三个特征

(a) 非独立的相干性；(b) 在时空中的不均匀性；(c) 多体间的不对称性

3. 它是多个要素间不对称的相互作用

哈肯采用相空间的方法考察系统时，揭示了多要素之间的不对称特点。双方之间作用的非对称性是非线性相互作用的本质特征 [149]。相互作用的非对称性表现为一方属性支配着另一方属性的变化，另一方丧失自己原先的某一属性而以一方的相应属性为自己的新属性 [150]。

2.2.4 相关基础理论在本书中的应用

1. "源""汇"景观理论为景观格局优化提供调控景观过程的途径

"源""汇"景观理论将静态的格局与动态的过程联系起来，可以简单高效地明确不同景观类型在过程产生与流动中的空间作用。根据"源""汇"景观理论，所有的景观类型可以划分为两大类：促进生态过程发展的"源"景观和延缓或阻止生态过程发展的"汇"景观 [123]。当"源""汇"景观在空间上布局合理时，各类景观过程就会有序、健康地运行，则可以保证生态服务功能的有效发挥；反之，如果景观格局分布不合理，则会导致过程在空间上失衡，如动物迁徙过程被阻断、养分过度输出等。我们可以对不合理的"源""汇"景观空间布局方式或景观斑块类型进行调控，促进该区域"源""汇"景观在空间上形成合理的布局 [151]。所以，"源""汇"景观理论为从末端被动治理走向源头、过程控制提供了关键要素识别、重点结构调控的认知基础和操作途径 [152]。

2. 景观格局演变具有阶段性特征

在景观的形成、发展和演变的过程中，由于空间格局和生态过程之间相互作用方式的变化，会使景观空间格局在演变过程中表现出明显的阶段性。这里所说的“阶段性”并不是以景观演变过程中时间阶段的划分为基础，而是以景观在演变过程中体现的不同“新质”为标志。“新质”即新的景观基质出现。根据景观演变过程中的基质要素变化，可以分为自然景观、半自然景观、农业景观、城郊景观及城市景观五种基本类型。

3. 多过程之间的相互作用呈非线性特征

我们的世界在本质上是一个非线性的世界，现实系统几乎都是非线性系统。景观是由大量相互作用的生态系统与社会系统自发形成的复杂系统，同样遵循着非线性相互作用的原则。

过程之间多重耦合与反馈机制呈现非线性特征。地表过程是由许多自然及人文过程相互作用耦合而成的，其中不同子过程表现出的变化性态不同，如阵性发生、周期性发生、瞬时发生、持续发生等。这些性态差异巨大的过程耦合在一起，使整个过程或系统呈现出非线性特征[153]。

（1）相干性：多个过程之间的关系是不可叠加的，部分原因的简单累加不再能说明整体的结果；相干性说明过程之间不是相互独立的，而是存在相互关系。因果关系和相关关系是相互关系的两种基本类型[154]。因果关系是对因素相互作用过程与其效应之间关联的描述，相关关系所描述的则是因果派生关系[155]。因果关系是人类理性行为与活动的基本依据，所以，我们更关注过程之间的因果关系。

（2）不均匀性：两两过程之间相互作用具有时空特征，在不同时空尺度上，不同过程变量之间相互作用的效应不同。在某一特定时空尺度内，应该抓取其中的关键变量。

（3）不对称性：相互作用是矛盾双方之间吸引和排斥、竞争和协同[156]318。不同过程之间在相互作用时发挥的作用是不对称的，即存在主导过程和非主导过程。

2.3 基于相关理论的分析框架

景观生态学研究已经表明，格局 - 过程 - 功能存在明确的因果链关系（图 2-6）。在规划设计中，如果说景观功能的恢复与提升是规划的目的，那么景观格局的优化就是手段[157]37。格局与功能之间的因果映射关系一直是规划设计师关注的核心问题，而景观

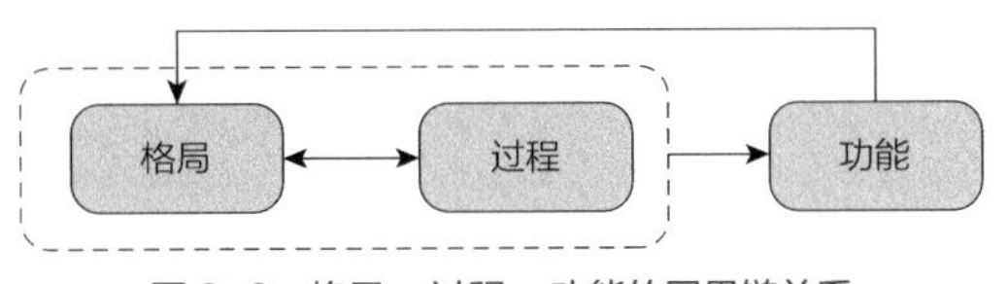

图 2-6　格局 - 过程 - 功能的因果链关系

生态学关于景观过程的研究则为我们架起了理解二者关系的桥梁。所以，格局 - 过程 - 功能的因果链条关系是我们进行空间机制分析的基本框架。

根据相关基础理论的选择与适用性分析，本书研究问题将从揭示格局、过程、功能三大板块之间关系入手解决：①板块 1“格局变化”——景观格局变化作为人文过程及其结果的直接空间表达形式，其空间变化具有阶段性特征；②板块 2“自然过程”——某一阶段格局（斑块、廊道、景观整体配置）变化与自然过程之间、自然过程与自然过程之间存在非线性的相互作用关系；③板块 3“功能变化”——格局在变化中不断与自然过程之间相互作用表现为景观功能变化，人类根据功能变化进一步改变景观格局以实现相关功能需求（图 2-7）。

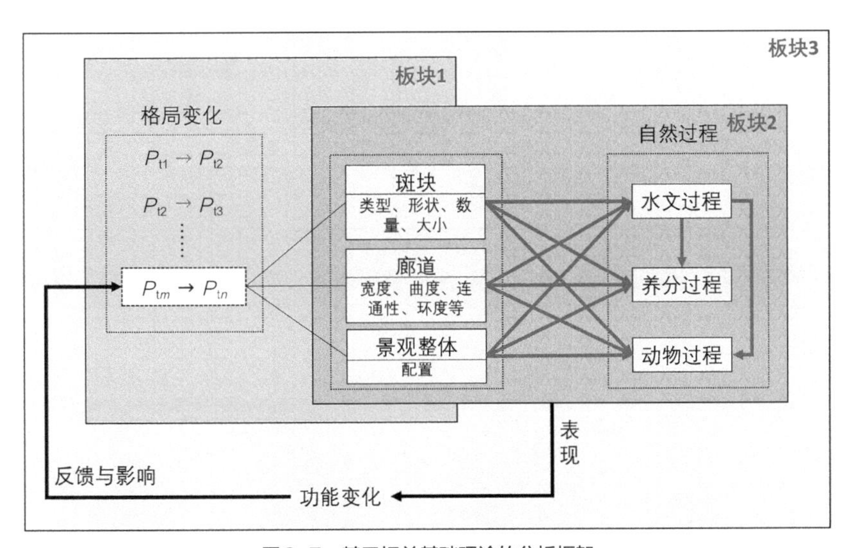

图 2-7　基于相关基础理论的分析框架

2.4　基于分析框架的研究路线

根据分析框架，提出解决本文所提出关键研究问题的步骤：步骤 1 景观格局变化特征分析；步骤 2 多过程（某一时期格局变化与多个自然过程、多个自然过程之间）相互作用机制分析；步骤 3 基于多过程相互作用机制的景观格局优化（图 2-8）。

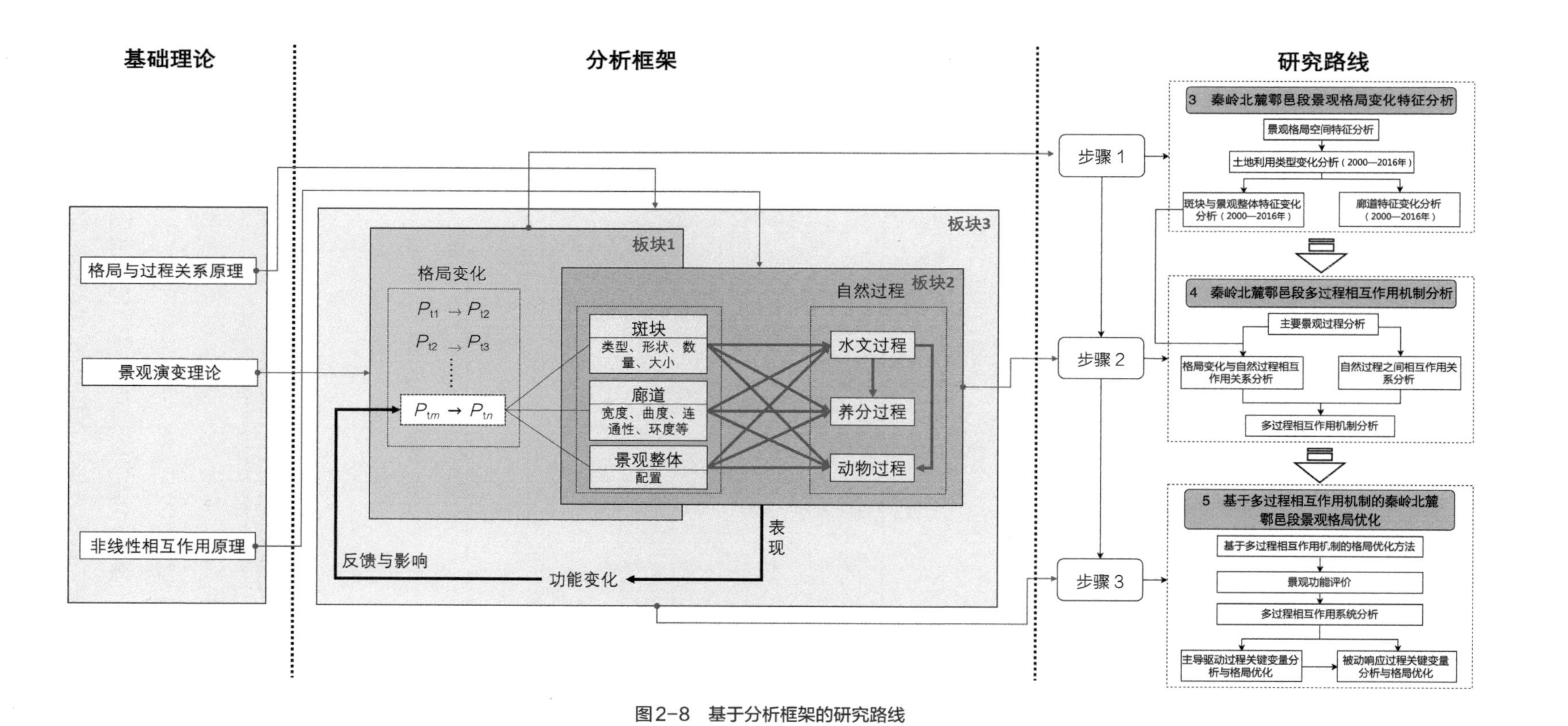

图2-8　基于分析框架的研究路线

3 秦岭北麓鄠邑段景观格局变化特征分析

尽管生态学和景观生态学为理解自然过程和它们之间的相互作用提供了理性基础[158]7-8，但由于各种空间过程在时空尺度上呈现出的复杂性和抽象性，很难定量、直接地研究自然过程的演变特征[122]。“格局是认识世界的表观，过程是理解事物变化的机理”[159]，一般通过景观空间格局的变化来理解其背后“不可见之存在”的景观过程。景观格局的空间变化特征是我们认识景观过程之间相互作用机制的载体。

本章将对秦岭北麓鄠邑段景观格局变化展开研究，通过对格局变化阶段性的分析，选取对现实问题影响最大的阶段，即 2000 年以来城市化快速扩张时期的景观变化作为核心研究对象，并对该时期的斑块、廊道、景观整体等相关空间特征进行定量化分析（图 3-1）。

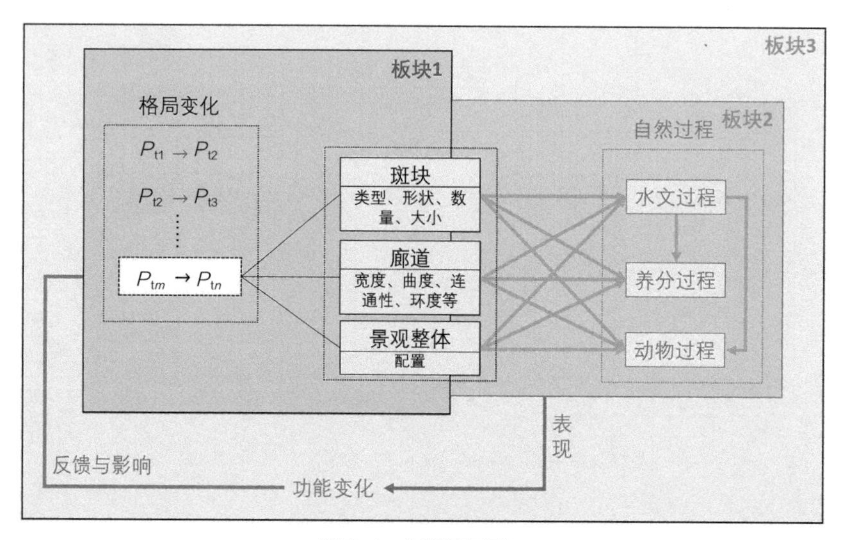

图 3-1　本章研究框架

3.1　秦岭北麓鄠邑段景观空间特征分析

3.1.1　空间特征的四维认知视角

景观作为地球表层系统中的空间单元，其水平维度的空间配置规律常常是科学研究与规划实践主要关注的对象。但景观格局只是人文过程与自然过程相互作用表层的、瞬时性的产物，各类过程（包括景观格局变化）同时也受到土壤、地质等地下空间要素的控制与影响。洪积扇是一个具有长、宽、高三维的空间实体，并随时间动态而发生变化。秦岭北麓山前洪积扇的独特水文地质结构既是由各类景观过程塑造而成的，同时又是各类过程之间相互作用的舞台。所以，我们要实现对景观空间特征的科学认知，必须先考察各类景观过程发生的所有空间维度。

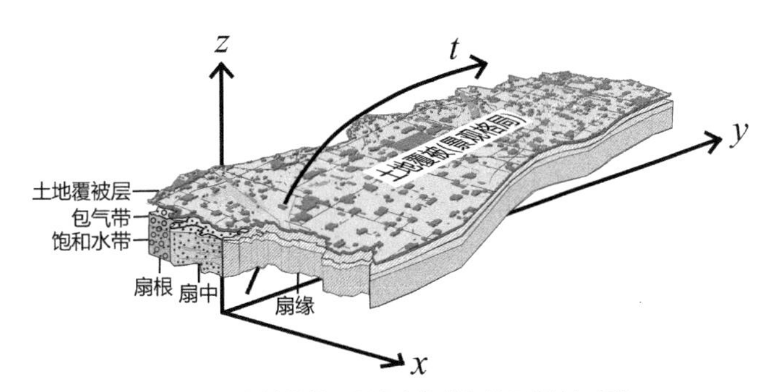

图3-2　秦岭北麓鄠邑段空间特征的四维认知视角

如图 3-2 所示，基于本书研究对象的空间结构及研究问题，提出秦岭北麓鄠邑段空间特征的四维认知视角：①水平维度的土地覆被层；②竖向维度的“土地覆被 - 包气带 - 饱和水带”；③纵向维度的“扇根区 - 扇中区 - 扇缘区”；④时间维度的空间演变。水平维度即地表覆被空间，是人类活动与自然过程直接作用的界面，也是规划设计实际操作的物质空间；竖向维度即从地表以下至基岩以上部分，主要涉及土壤的物理属性；纵向维度是秦岭山地和关中平原的过渡带部分，主要涉及洪积扇水文地质结构特征；时间维度是指洪积扇空间特征随时间发生动态变化，由于土壤、地质等结构比较稳定，主要关注土地覆被层的时间变化性。

3.1.2　水平维度空间特征分析

水平维度（即土地覆被）的空间特征是我们关注的核心，通常用经典的“斑块 - 廊道 - 基质”模型进行分析。如表 3-1、图 3-3 所示，通过分析土地覆盖类型的类别面积比可知，耕地占据了研究范围 64.81% 的面积，我们可以确定研究区域是以耕地为基质。建设用地则是占有第二优势的土地覆盖类型（26.29%）。两种土地覆盖类型占比超过整个研究区域的 90%。除水体之外，其他自然用地类型如林地、牧草地的面积合计才占研究范围的 0.9%。

研究区域“斑块 - 廊道 - 基质”分布现状统计　　表 3-1

景观组分	景观要素	现状	
		要素面积（hm^2）	要素面积比（%）
斑块	园地	981	4.02
	林地	155	0.63
	水域	77	0.32
	建设用地	6419	26.29
	其他用地	82	0.34
廊道	水系	473	1.94
	道路	404	1.65
基质	耕地	15823	64.81

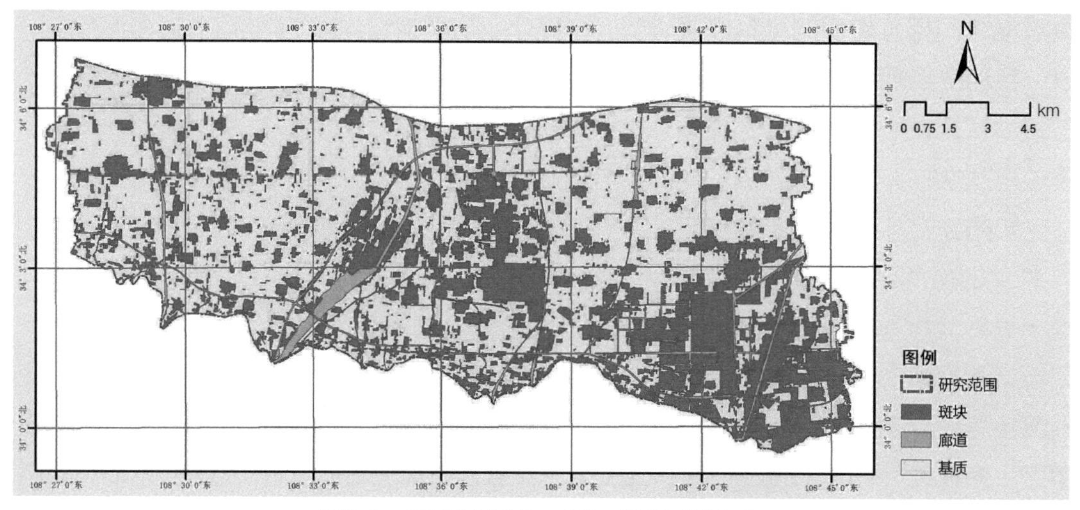

图 3-3　研究区域“斑块 – 廊道 – 基质”分布概况

3.1.3　纵向维度空间特征分析

秦岭北麓山溪河流众多，洪水携带的砾石泥沙在谷口外面随地势和流速的变化而依次堆积，形成粗大颗粒到细小颗粒的规律组合。按照洪积扇的物质组成特点，可以划分为三个区域：①扇根区，靠近山麓，沉积物多为砾石、卵石，厚度大；②扇中区，沉积物由一些砂砾逐渐过渡到细砂、粉砂土，粒度逐渐变细，厚度变小，形成粗细交替地带；③扇缘区，沉积物主要为黏性土及细粉砂（图 3-4）。秦岭北麓鄠邑段山前洪积扇沉积物的具体岩性如表 3-2 所示。

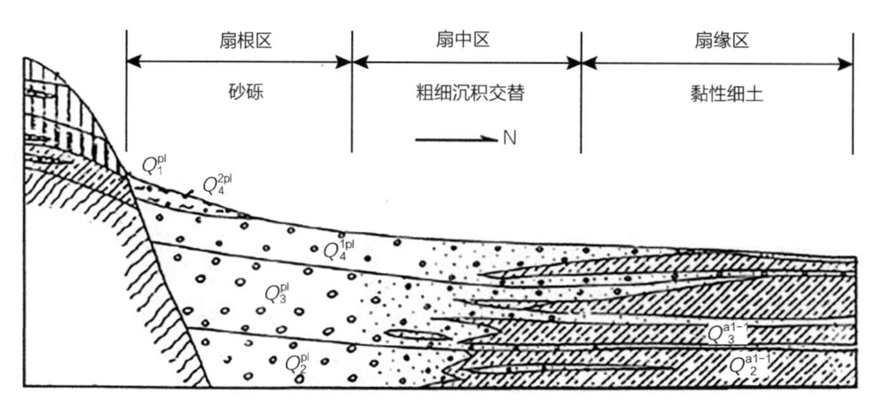

图 3-4　秦岭北麓鄠邑段山前洪积扇含水层剖面结构图
（资料来源：改绘，底图来自参考文献 [77]）

第四纪地层岩性特征及分布　　表 3-2

<table>
<tr><th>系</th><th>统</th><th>组</th><th colspan="2">地层代号</th><th colspan="2">厚度（m）</th><th colspan="2">主要岩性特征</th></tr>
<tr><td rowspan="8">第四系</td><td rowspan="2">全新统</td><td>—</td><td colspan="2">Q_4^{2al}</td><td colspan="2">1~5</td><td colspan="2">现代河床的冲击砂、砾石及少量砂质粉土</td></tr>
<tr><td>—</td><td colspan="2">Q_4^{1al}</td><td colspan="2">5~29</td><td colspan="2">低阶地沉积物：黄土状砂质黏土、粉质黏土，夹砂、砾石层</td></tr>
<tr><td>上更新至全新统</td><td>—</td><td colspan="2">Q_{3-4}^{pl}</td><td colspan="2">10~30</td><td colspan="2">洪积、坡积成因的黄红色黏土、砾石、岩屑</td></tr>
<tr><td rowspan="2">上更新统</td><td>马兰组</td><td rowspan="2">Q_3^{eol}</td><td rowspan="2">Q_3^{al}</td><td>0~10</td><td rowspan="2">31</td><td rowspan="2">上部：黄土塬表部风成淡黄 - 灰黄色黄土，疏松多孔，不具层理，产蜗牛壳。
下部：冲积或湖成黄土状粉砂土和粉质黏土，产：纳玛象相似种、萨拉乌苏组</td><td rowspan="2">冲积棕黄色黄土状粉砂土</td></tr>
<tr><td>沙拉乌苏组</td><td>26</td></tr>
<tr><td rowspan="2">中更新统</td><td>离石组</td><td colspan="2" rowspan="2">Q_2^{eol+gl}</td><td colspan="2">178</td><td colspan="2">上部：以风成湖相为主要成因的黄土状砂质黏土，夹红色黏土层（古土壤），有时夹透镜状砾石层，产蜗牛壳。砂质黏土内含零星钙质结核，在红色黏土层的底部，常含钙质结核或富集成钙质层</td></tr>
<tr><td>公王岭组</td><td colspan="2">28~35</td><td colspan="2">下部：冰碛砂、砾石，局部夹泥砾</td></tr>
<tr><td>下更新统</td><td>—</td><td colspan="2">Q_1</td><td colspan="2">40^+</td><td colspan="2">上部：棕红色黄土状重粉质黏土（含少许钙质结核）夹粉质黏土、砂质粉土及少量砾石层
下部：砂、砾石层，有时含大漂砾及岩块</td></tr>
</table>

资料来源：作者根据陕西省地质局《地质图（西安幅）》整理。

根据高程图及现场观测各峪道岩土粒径变化，并参考本区域水文地质学相关研究，对秦岭北麓鄠邑段洪积扇进行区划。如图 3-5 所示，扇根区面积为 6682hm^2，扇中区面积为 5973hm^2，扇缘区面积为 11833hm^2。

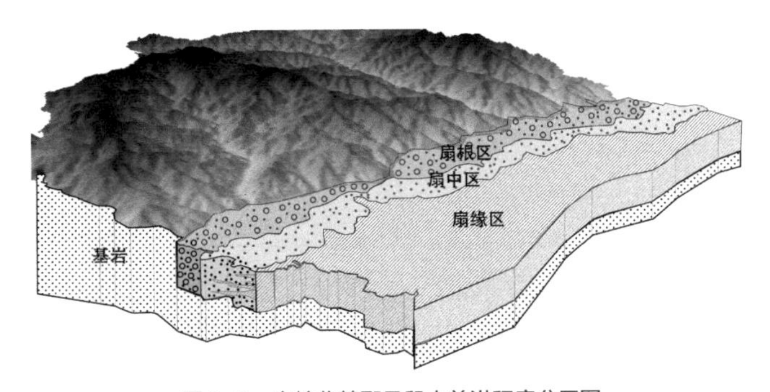

图3-5　秦岭北麓鄠邑段山前洪积扇分区图

3.1.4 竖向维度空间特征分析

如图 3-6 所示，竖向维度自上而下分别为地表的土地覆被层、地下水面以上的松散沉积物透水层（包气带）、地下水面以下的含水层（饱水带）。其中，土地覆被层、包气

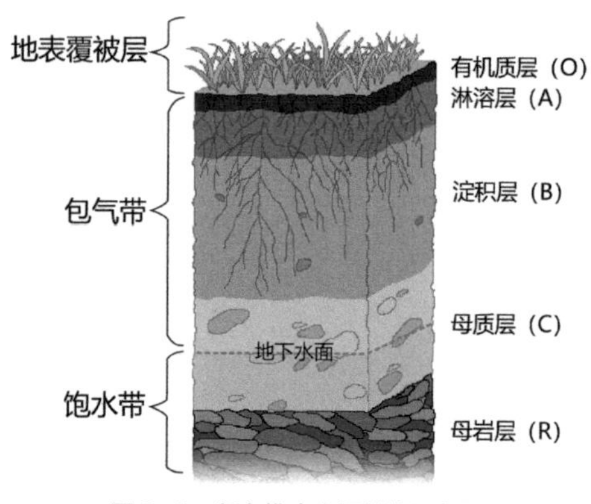

图 3-6　竖向维度空间结构示意图
（资料来源：根据谷歌图片改绘）

带与地表各类景观过程相互作用关系密切，是我们主要关注的对象。土地覆被层、饱水带含水层的空间特征相关分析见第 3.2、3.3 节，本节主要讨论包气带的岩性结构特征。

包气带土壤是地下与地表物质和能量交换的枢纽，是自然环境和各种地表过程演化的场所，同时也是人类活动最根本的载体[160]。如图 3-7 所示，研究区包气带土壤类型主要有塿土、潮土、水稻土、褐土及新积土等。土壤颗粒及颗粒集合体之间的空隙（即孔隙）决定了土壤储容水的能力，在一定的条件下，还控制着岩土滞留、释出和传输水的能力[160]16-17。研究区各类土壤的孔隙度如表 3-3 所示。

各类土壤的孔隙度平均值（%）　　**表 3-3**

土壤类型	耕层	犁底层
塿土	50	43.8
潮土	48.3	44.5
水稻土	52.5	46.4
褐土	52.1	47.2
新积土	58.5	49.1

资料来源：引自参考文献 [273]93，310。

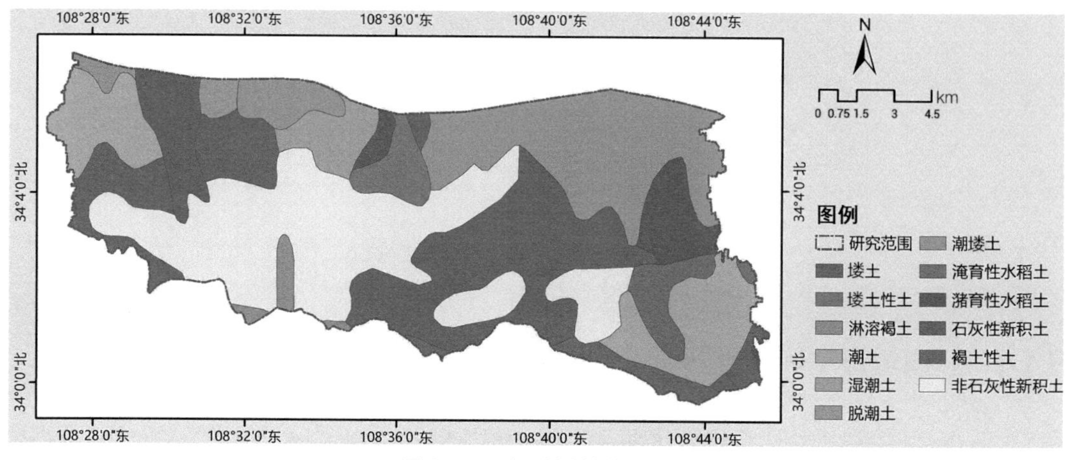

图 3-7　研究区域土壤类型图
（资料来源:《西安土地资源》，作者数字化、绘制）

3.1.5 时间维度空间特征分析

1. 水平维度——土地覆被 / 景观格局演变

1）自然景观格局的形成（早更新世至全新世）

根据地质学家研究，震旦纪（6 亿年前）至三叠纪前（2.5 亿年前）形成秦岭造山带；三叠纪（2.5 亿年前）至晚中新世（800 万年前）形成现代秦岭地貌；早更新世（250 万年前）至全新世（1 万年前）形成自然空间格局。现代环境史学家及考古学家通过关中地区自然沉积中的孢粉[161]、森林草原动物的化石[162]等，可以推测出当时秦岭北麓是一片一片的森林，且在森林之间夹杂着大小不等的草原。

2）秦岭北麓鄠邑段景观空间格局演变（先秦至 20 世纪 90 年代）

先秦时期（公元前 221 年以前），鄠邑区为丰镐所在地。秦岭终南北麓长有茂密森林，浅山丘陵地带，野草灌木丛生，是丰镐天子、贵族最理想的狩猎区[163]。历史地理学家史念海先生认为《诗经》中的“诞置之平林，会伐平林”“呦呦鹿鸣，食野之苹”等诗句表明当时秦岭山脚下是森林草原地区[164]。秦汉时期（公元前 221—公元 220 年），鄠邑区大部分地区皆入上林苑。汉武帝时期上林苑范围：从阿房宫城东南至宜春宫，南至秦岭山脚下，西至周至县长杨、五柞，再绕周至东到阿房宫城[165]。《三辅黄图 · 杂录》:“关中八水皆出入上林苑……沣水出鄠南山丰谷，北入渭。滈水在昆明池北。牢水出鄠西南，入潦谷，北流入渭。”[166] 隋唐时期（公元 581—907 年），鄠邑是畿辅重地，大量兴建寺庙，县域有罗汉寺、草堂寺等寺院 21 处，其中唐玄宗朝（公元 712—756 年）草堂寺已经形成有规模的庄园经济，竹林果园齐备，地域百顷。宋元时期（公元 960—1368 年），中国政治文化中心南移，秦岭北麓鄠邑区段大量的村庄及农田开垦开始出现。根据《户县地名志》统计，宋元时期出现的村庄，共计 29 个。明清时期（1368—1911 年），采取休养生息政策，鼓励农耕，人口增长加快，土地利用率较高，川原地区已经全被人工植被所占据。据统计，鄠邑在清雍正（1723—1736 年）年间耕地面积达 435940 亩，到清光绪年间（1875—1908 年）耕地面积达 489900 亩[167]306。到清末时，研究区域的村庄数量由元代的 56 个激增至 195 个。新中国成立后对河道进行大治理，河道治理之后腾出的河滩地被开辟为农田，大量湿地、沼泽消失。《户县志（2013）》《涝河志》《户县文史资料（第十三辑）》记载，1975—1976 年河道渠化治理中，涝河腾出河滩地近 600 余亩[168]，太平河腾出河滩地 5000 余亩[169]92-93。20 世纪 90 年代以来，鄠邑区进入城市化快速扩张阶段。从 1992 年草堂镇成立经济开发区至 2017 年户县撤县设区，大量农田被转化为高校校区、工业园、别墅区等建设用地。

3）秦岭北麓鄠邑段景观空间演变阶段分析

秦岭北麓鄠邑段景观空间演变的主要特点为：①原始森林全部消失，植被覆盖变化历程为草原森林—自然林地—皇家苑囿—人工经济林；②农田由点状斑块演变为基质；③湖泊、湿地消失殆尽，河滩地扩大化，河流水量减少导致河滩地扩大、河道变窄，人类围滩造田、河道渠化又导致河滩地丧失；④建设用地快速扩张。依据 Forman 和 Godron（1986）[145]、Naveh 和 Lieberman（1990）[146] 的两种分类方式及秦岭北麓鄠邑区段的景观空间演化特征，本书将秦岭北麓鄠邑段景观演化划分为四个阶段：自然景观时期、半自然景观时期、农业景观时期、城郊景观时期（图 3-8）。

分期	自然景观时期（先秦以前）		半自然景观时期（秦—唐）		农业景观时期（宋—20世纪末）			城郊景观时期（20世纪末至今）		
影响事件	西周迁都丰镐	铁器的产生与利用	西汉上林苑扩张与封禁	隋唐城南郊野寺观兴盛	宋元时期村庄出现	明清时期人口爆发式增长	家庭联产承包责任制	草堂镇城镇化发展	大秦岭保护法律法规制定	户县撤县设区
景观类型	自然林草地		苑囿、园圃		乡村+农田			乡村+城区+农田		
景观演进驱动因子	气候变化		畿辅重地		人口激增			政策主导，交通、经济发展		

全新世
自然空间格局形成

公元前221年
秦定都咸阳

公元960年
宋以后畿辅地位变化

20世纪90年代
成立户县草堂经济开发区

图 3-8　秦岭北麓鄠邑段景观演化阶段划分

2. 纵向维度——洪积扇演变

秦岭北麓鄠邑区山前洪积扇属于埋藏型洪积扇[170]，其形成与演化受流水侵蚀堆积和地质沉降两方面影响。当暴雨季节来临，洪水携带大量碎屑冲出谷口，往往堆积形成洪积扇（图 3-9）[171]。秦岭山前洪积扇受构造间歇性上升运动影响，流水侵蚀、切割，后期较新的洪积扇内叠或上叠在较老的洪积扇之上，扇根、扇缘高差可达数十米，扇面呈阶梯状，新老扇往往以陡坎相接，除新洪积扇组成物质为砾石、卵石夹砂、砂质粉土、粉质黏土外，全新世以前较老洪积扇上组成物质都多为风成黄土与砂质粉土、粉质黏土覆盖，厚度达 300~500m。它们东西相连，呈带状展布于山前，成为冲积、洪积平原，是关中平原的重要组成部分。

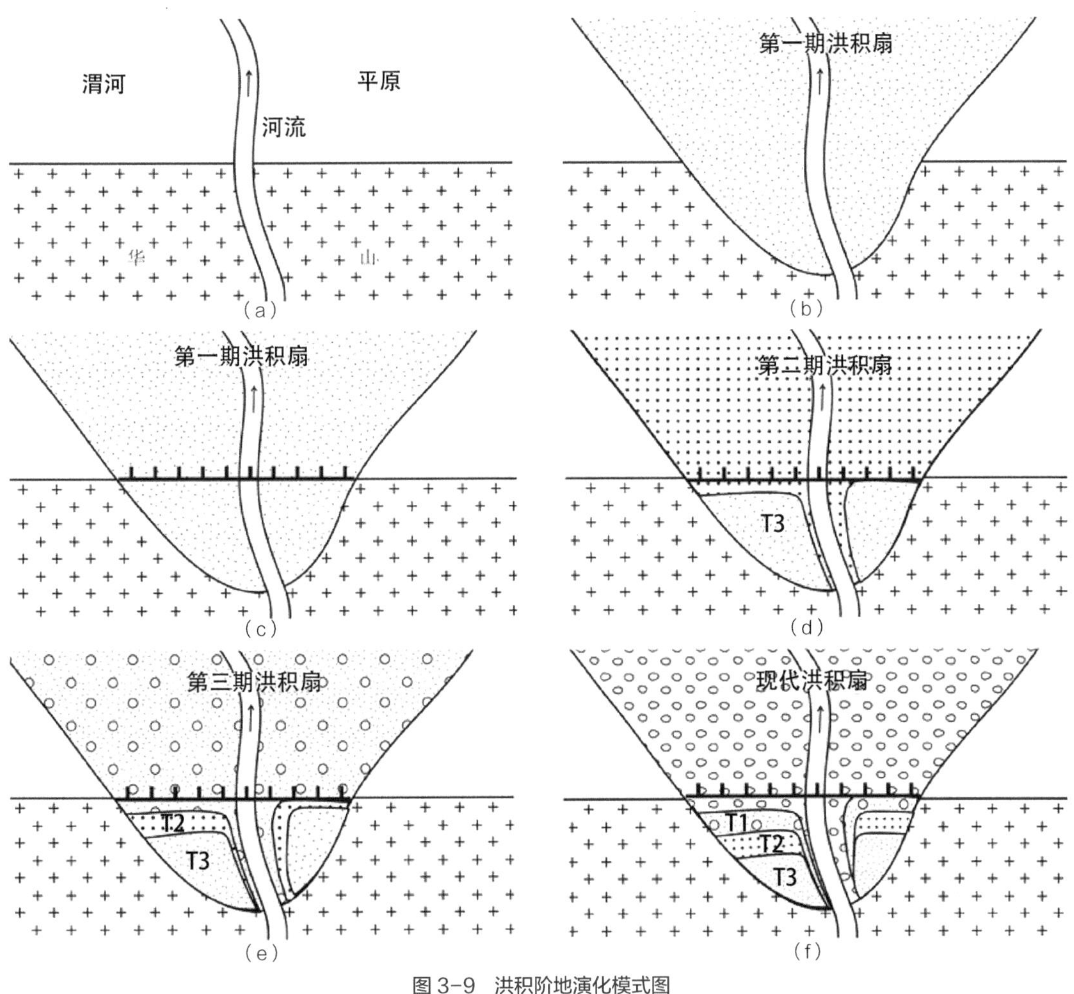

图 3-9　洪积阶地演化模式图
（资料来源：引自参考文献 [172]）

3. 竖向维度——土壤发育与演变

土体的个体发育是指具体的土壤从岩石风化产物或其他新的母质上开始发育的时候起，直到目前状态的真实土壤的具体历程 [172]154（图 3-10）。关中平原的农业土壤常被称为“塿土”，是我国古老的耕种土壤之一。关中塿土的特征是在自然土壤的上部堆垫有深厚的人为熟化层，它是人类耕作、灌溉、施肥等生产环节作用于土壤，使土壤有机质及其他矿物质合成分解的运动规律、土壤剖面构型、基本性质在原来褐土层的基础上均发生了显著变化的一种人为成土过程 [173]。

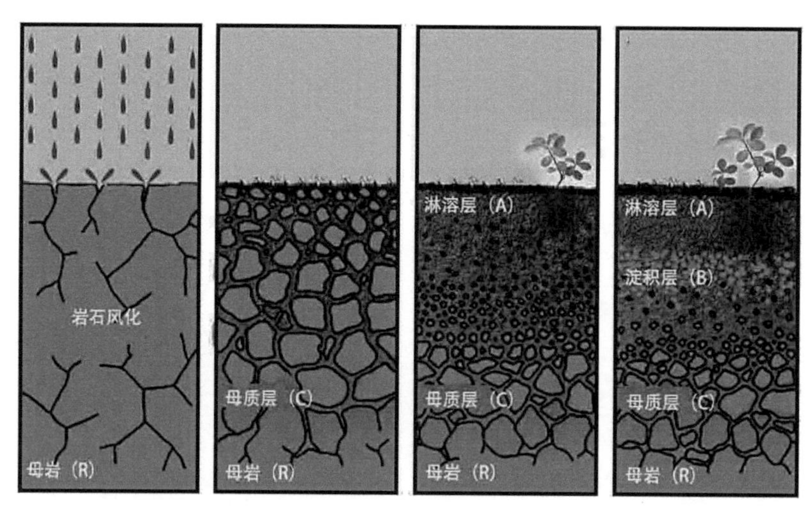

图 3-10　土壤发育过程

总的来说，竖向维度的土壤和纵向维度的洪积扇发育演变比较稳定，在较大的时空尺度上才会观察到变化；水平维度的景观格局是人类活动直接作用的界面，在自然与人文因子的驱动下，无时无刻不在发生着变化。

3.2　2000—2016 年秦岭北麓鄠邑段土地利用类型变化分析

城市化建设是我国国民经济社会发展计划实施的具体空间表现形式，景观格局的变化也必然受国民经济计划政策周期性的影响。我国国民经济社会发展计划以每 5 年为一个规划期限，从新中国成立以来已经编制实施了 13 个五年规划或计划。鄠邑区 2000 年固定资产投资大幅增长，首次突破两亿元大关，是“九五”期间投资规模最大的一年。全年固定资产投资（不含城乡集体及私人投资）完成 20247 万元，增长 142.54%。所以，城郊景观时期景观格局动态分析以 2000 年为起始时间，大约每五年为一间隔，选取 2000 年、2005 年、2011 年、2016 年土地利用为研究对象。

3.2.1　数据获取与处理

本书数据来自西安市自然资源与规划局鄠邑分局 2000 年、2005 年、2011 年、2016 年土地利用现状图，对资料进行矢量化并处理（图 3-11~ 图 3-14）。根据国家标

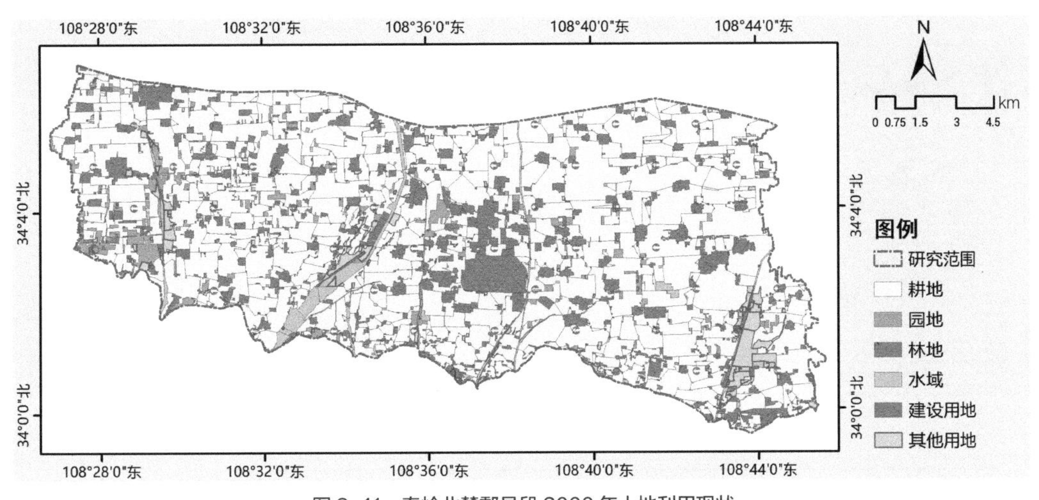

图 3-11 秦岭北麓鄠邑段 2000 年土地利用现状

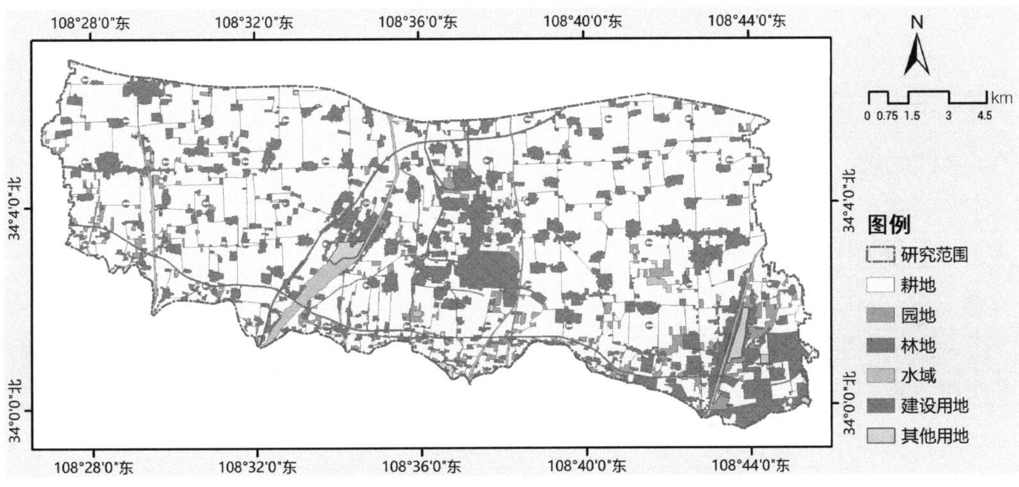

图 3-12 秦岭北麓鄠邑段 2005 年土地利用现状

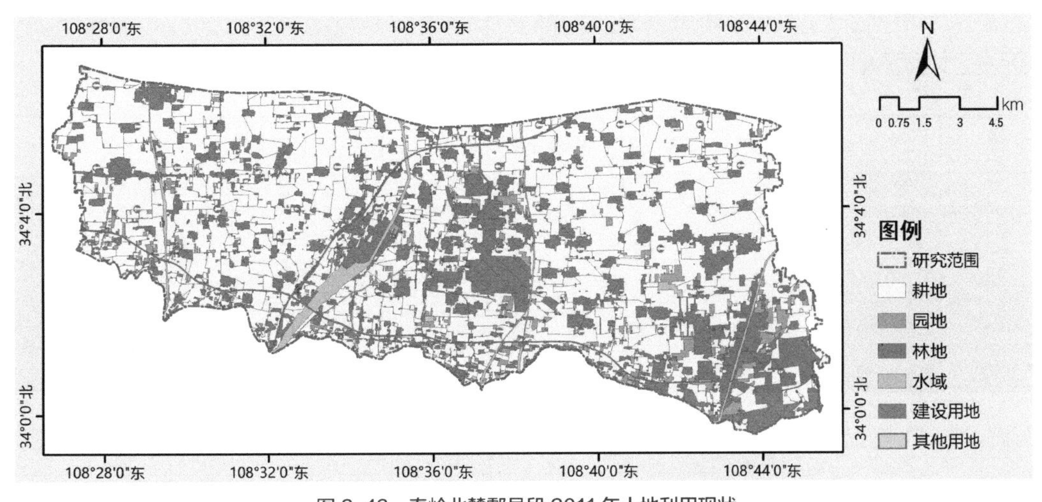

图 3-13 秦岭北麓鄠邑段 2011 年土地利用现状

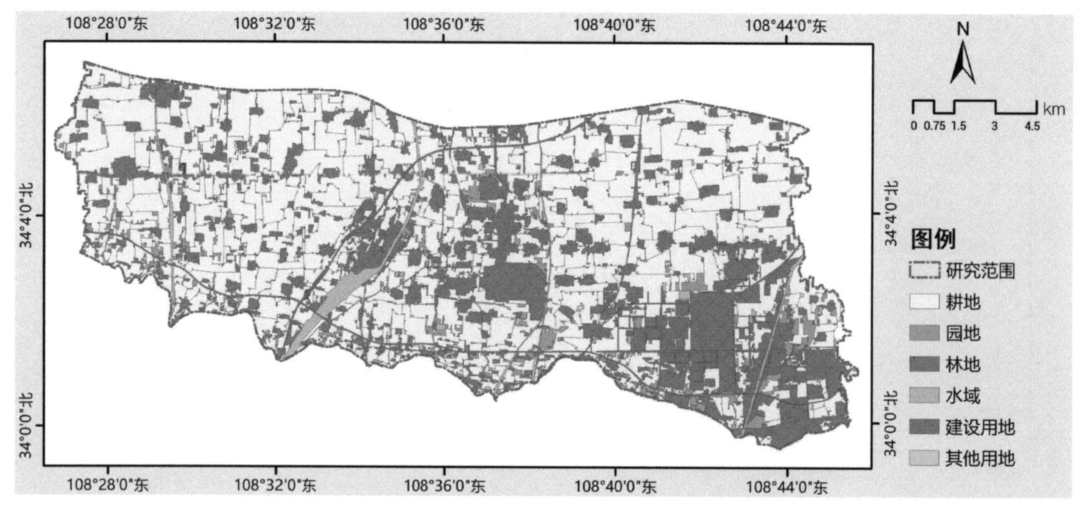

图 3-14　秦岭北麓鄠邑段 2016 年土地利用现状

准《土地利用现状分类》GB/T 21010—2017 和秦岭北麓鄠邑区土地利用结构类型特点，将本书研究区域的土地利用类型划分六种，分别为耕地、园地、林地、水域、建设用地、其他用地。

3.2.2　土地利用类型面积特征

在 ArcGIS 中对图 3-11~ 图 3-14 进行运算与统计，得出 2000—2016 年研究区各土地利用类型面积和比例，如表 3-4、图 3-15 所示。由表 3-4 可知，研究区域以耕地为基质，建设用地是其第二优势的土地利用类型，二者合占整个区域 90% 左右。由图 3-15 可以看出，从 2000 年至 2016 年，耕地、建设用地、其他用地面积变化幅度最大，其中耕地、其他用地逐年减少，而建设用地逐年增加；园地、林地、水域由于本身所占区域面积比例较小，变化并不显著。

2000—2016 年研究区土地利用类型面积（hm^2）和比例（%）　　表 3-4

土地利用类型	2000 年		2005 年		2011 年		2016 年	
	面积	比例	面积	比例	面积	比例	面积	比例
耕地	18415	75.3	17359	71	16859	69	15856	64.9
园地	1022	4.2	932	3.8	1053	4.3	981	4
林地	277	1.1	102	0.4	142	0.6	157	0.6
水域	597	2.4	512	2.1	566	2.3	550	2.2
建设用地	3181	13	5308	21.7	5805	23.7	6824	27.9
其他用地	958	3.9	237	1	25	0.1	82	0.3

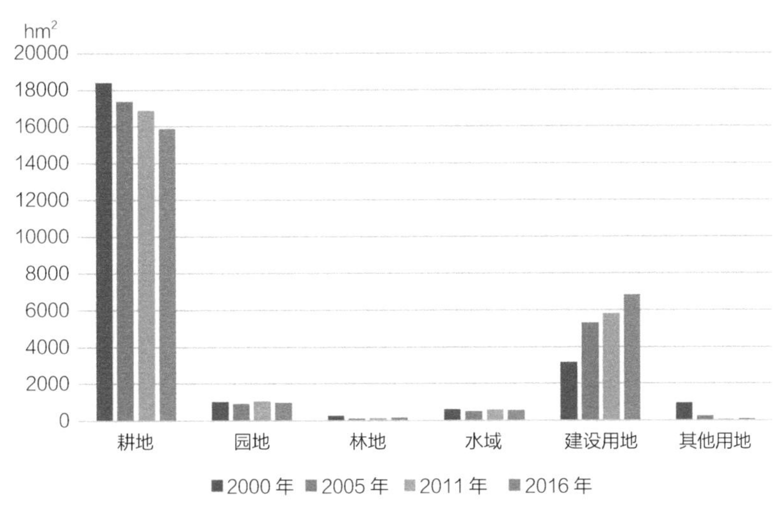

图 3-15 2000—2016 年研究区土地利用类型面积变化柱形图

3.2.3 土地利用类型转换情况

在 ArcMap 中分别对 2000—2005 年、2005—2011 年、2011—2016 年、2000—2016 年土地利用数据进行【相交（intersect）】分析，然后将所得数据导入 Excel，利用 Excel 的【数据透视表】工具制作转移矩阵，结果如表 3-5~ 表 3-8 所示。

由表 3-5 可以看出，在秦岭北麓鄠邑段的 2000—2005 年景观格局演变过程中，耕地、林地、其他用地、水域、园地等面积均减少，建设用地面积增加。耕地面积减幅最大，有 2795.72hm^2 耕地转出为建设用地、林地、其他用地、水域、园地，其中 68% 的耕地面积转为建设用地；有 1739.53hm^2 的用地面积为耕地，类型主要为园地和其他用地。建设用地面积转入面积最大，主要由耕地和其他用地转入。林地和水域的变幅较大，林地主要转出为耕地和园地，水域主要转出为耕地和建设用地。

秦岭北麓鄠邑段 2000—2005 年土地利用类型转化情况（hm^2） 表 3-5

2000 年	2005 年						
	耕地	建设用地	林地	其他用地	水域	园地	转出总计
耕地	—	1902.86	61.56	50.7	82.34	698.26	2795.72
建设用地	299.66	—	3.39	16.46	11.44	16.45	347.4
林地	170.94	37.95	—	14.76	9.32	25.34	258.31
其他用地	334.88	372.63	6.66	—	36.59	70.34	821.1
水域	147.77	63.84	3.06	4.58	—	16.41	235.66
园地	786.28	99.13	9.29	12.7	9.9	—	917.3
转入总计	1739.53	2476.41	83.96	99.2	149.59	826.8	—

秦岭北麓鄠邑段 2005—2011 年土地利用类型转化情况（hm^2）　　表 3-6

2005 年	2011 年						
	耕地	建设用地	林地	其他用地	水域	园地	转出总计
耕地	—	662.62	24.1	14.8	74.95	265.86	1042.33
建设用地	359.84	—	14.47	1.47	23.3	34.54	433.62
林地	7.05	5.2	—	0	0.89	0.93	14.07
其他用地	9.28	201.22	12.32	—	4.34	2.31	229.47
水域	31.17	17.01	1.58	0.53	—	4.53	54.82
园地	130.44	44.6	3.21	1.17	6.53	—	185.95
转入总计	537.78	930.65	55.68	17.97	110.01	308.17	—

由表 3-6 可以看出，在秦岭北麓鄠邑段的 2005—2011 年景观格局演变过程中，耕地、其他用地面积减少，建设用地、林地、水域、园地等用地面积增加。耕地相较于上一阶段转出幅度降低约一半，但仍是转出面积最大的用地类型（1042.33hm^2），主要转出类型为建设用地和园地；耕地转入面积总计 254.14hm^2，主要以建设用地及园地为转入对象。林地、水域、园地的主要转化类型均为耕地和建设用地，且转出面积小于转入面积。

秦岭北麓鄠邑段 2011—2016 年土地利用类型转化情况（hm^2）　　表 3-7

2011 年	2016 年						
	耕地	建设用地	林地	其他用地	水域	园地	转出总计
耕地	—	1069.51	18.08	38.17	11.79	122.62	1260.17
建设用地	135.07	—	2.62	20.06	5.52	8.35	171.62
林地	2.81	6.06	—	0.02	0.48	0.34	9.71
其他用地	1.4	1.4	0.029	—	0.04	0.09	2.959
水域	10.74	21.89	0.95	0.14	—	1.27	34.99
园地	104.12	97.54	0.51	2.12	1.49	—	205.78
转入总计	254.14	1196.4	22.189	60.51	19.32	132.67	—

由表 3-7 可知，在秦岭北麓鄠邑段 2011—2016 年景观格局演变过程中，耕地、水域、园地面积减少，林地、建设用地、其他用地面积增加。耕地转出面积总计 1260.17hm^2，其中分别转为建设用地 1069.51hm^2、园地 122.62hm^2，而转入总面积只有 254.14hm^2。林地、水域、其他用地变化不显著，主要转化对象均为耕地、建设用地。

秦岭北麓鄠邑段 2000—2016 年土地利用类型转化情况（hm^2） 表 3-8

2000 年	2016 年						
	耕地	建设用地	林地	其他用地	水域	园地	转出总计
耕地	—	3123.66	103.35	60.62	109.74	733.51	4130.88
建设用地	284.32	—	7.22	3.37	12.92	20.58	328.41
林地	156.91	60.06	—	1.6	11.6	26.15	256.32
其他用地	281.96	558.06	8.58	—	37.15	68.19	953.94
水域	112.52	89.15	5.72	3.46	—	16.94	227.79
园地	731.84	141.3	12.32	9.01	9.97	—	904.44
转入总计	1567.55	3972.23	137.19	78.06	181.38	865.37	—

由表 3-8 可知，在秦岭北麓鄠邑段 2000—2016 年景观格局演变过程中，耕地转出面积最大，总计转出 4130.88hm^2，其次为其他用地 953.94hm^2、园地 904.44hm^2；转入面积最大的用地类型为建设用地，总计转入 3972.23hm^2，其次为耕地 1567.55hm^2、园地 865.37hm^2。其中，耕地主要转出对象为建设用地及园地，其他用地主要转出对象为建设用地、耕地，园地的主要转出对象为耕地、建设用地。

3.2.4 土地利用类型变化速率分析

根据土地利用动态度计算公式 1-2，输入表 3-4 的数据得出秦岭北麓鄠邑段 2000—2005 年、2005—2011 年、2011—2016 年土地利用变化动态情况（表 3-9、图 3-16、图 3-17）。如图 3-16、图 3-17 所示，在 2000—2005 年、2005—2011 年、2011—2016 年这三个时间段内，耕地面积不断减少，建设用地面积不断增加，园地、林地、水域、其他用地等各有起伏；从年变化率来看，其他用地变化率最大（-15.05%、-14.91%、45.6%），其次为林地（-12.64%、6.54%、2.11%）和建设用地（13.37%、1.56%、3.51%）。

秦岭北麓鄠邑段土地利用变化动态分析 表 3-9

土地利用类型	2000—2005 年		2005—2011 年		2011—2016 年	
	面积变化（hm^2）	年变化率（%）	面积变化（hm^2）	年变化率（%）	面积变化（hm^2）	年变化率（%）
耕地	-1056	-1.15	-500	-0.48	-1003	-1.19
园地	-90	-1.76	121	2.16	-72	-1.37
林地	-175	-12.64	40	6.54	15	2.11
水域	-85	-2.85	54	1.76	-16	-0.57
建设用地	2127	13.37	497	1.56	1019	3.51
其他用地	-721	-15.05	-212	-14.91	57	45.6

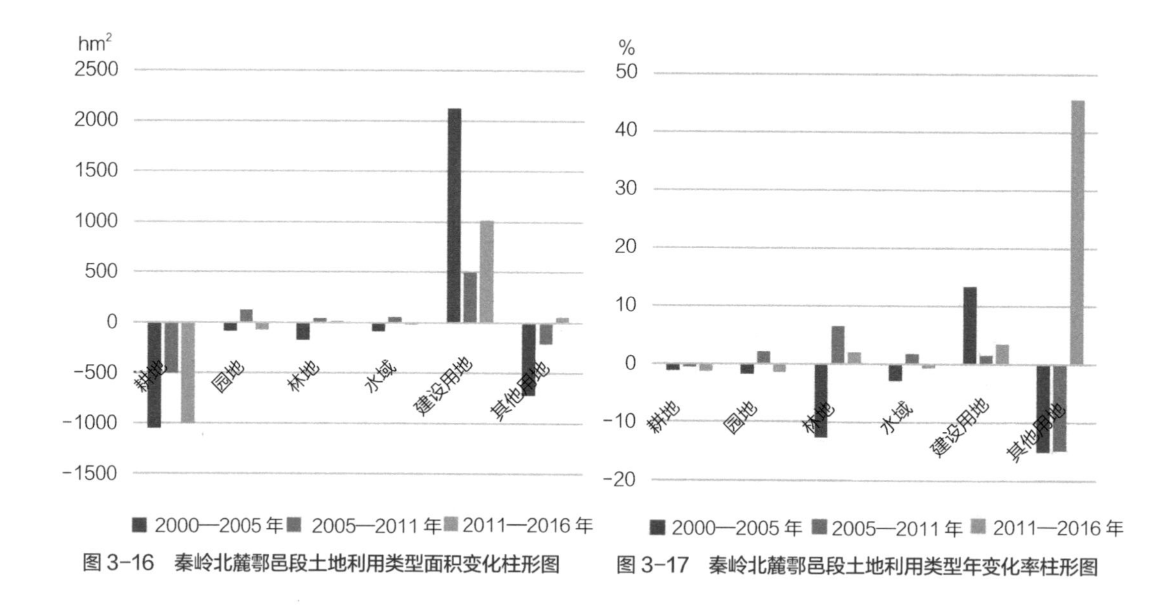

图 3-16　秦岭北麓鄠邑段土地利用类型面积变化柱形图

图 3-17　秦岭北麓鄠邑段土地利用类型年变化率柱形图

3.3　2000—2016 年秦岭北麓鄠邑段斑块及景观整体特征变化分析

3.3.1　景观格局指数选取

斑块的数量、类型、形状、空间分布及配置决定了景观的空间格局，所以，对景观空间格局的刻画需要采用与之相关的格局指数[174]。大部分景观指数之间景观格局信息重复，并不满足相互独立的统计性质[175，176]。Riitters 等（1995）研究发现，用 55 种景观指数中的 6 种，就能解释景观格局的 87%[177]。Leitão 等（2012）通过文献分析与专家讨论，筛选出了 10 种景观指数为“核心指数”，认为这 10 个核心景观指数足以应对规划师与管理者在景观组成与配置相关问题中最典型的需求[178]51-52。参考相关文献[179，180]，本书选取斑块面积指标最大斑块指数（LPI）、斑块形状指标景观形状指数（LSI）、斑块数量指标斑块密度（PD）等分析类型水平的斑块特征变化；选取景观整体配置指标景观聚集度（CONTAG）和 Shannon 多样性指数（SHDI）等分析景观水平的特征变化。研究所选指数的计算公式及生态学意义如表 3-10 所示。

研究中应用的景观指数及其生态学意义　　表 3-10

景观指数	计算公式	生态学意义
斑块密度（PD）	$PD=\frac{\sum_{j=1}^{m}N_j}{A}$　（3-1）	反映景观被分割的破碎化程度，同时也反映景观空间的异质性程度。斑块密度越大，破碎化程度越高，空间异质性也越高
最大斑块指数（LPI）	$LPI=\frac{\text{Max}(a_1, \cdots, a_n)}{A}(100)$　（3-2）	反映最大斑块对整个类型和景观的影响程度。最大斑块指数越大，表明影响力度越大
景观形状指数（LSI）	$LSI=\frac{0.25E}{\sqrt{A}}$　（3-3）	反映整体景观的形状复杂程度，LSI 越大，则景观形状越复杂，曲折程度越高，人类干扰越强
景观聚集度（CONTAG）	$CONTAG=\left[1+\sum_{i=1}^{m}\sum_{j=1}^{n}\frac{P_{ij}ln(P_{ij})}{2ln(m)}\right](100)$（3-4）	描述景观中不同斑块类型的团聚程度或延展趋势。一般高值说明景观中的某种优势斑块类型形成了良好的连接性；反之，则说明景观是具有多种要素的密集格局，景观的破碎化程度较高
Shannon 多样性指数（SHDI）	$SHDI=-\sum_{i=1}^{m}(P_i lnP_i)$　（3-5）	反映景观组分数量和比例的变化情况。由多个组分构成的景观中，当各组分比例相等时，多样性指数最高

资料来源：参考游丽平等（2008）[181]、邬建国（2007）[104] 等绘制。
注：表中“100”表示“乘以 100（转换成百分比）”。

3.3.2 尺度选择

这里所说的尺度是指研究景观数据的栅格大小，即空间粒度。粒度效应是选择景观最佳观察尺度的重要量化依据[182]。景观指数随空间粒度变化是一种临界现象，当粒度大于或小于临界值时，景观指数对空间粒度变化非常敏感，变化速率非常大[183]。本书以 10m 的粒度为基础数据，以研究区 2005 年为例，通过 GIS 矢量转栅格的方法得到 10m、20m、30m、40m、50m、60m、70m、80m、90m、100m、150m、200m 12 个不同测试粒度的景观格局数据。然后在 Fragstats 4.2 软件中分别计算景观水平的斑块密度（PD）、景观聚集度（CONTAG）、景观形状指数（LSI）、最大斑块指数（LPI）、Shannon 多样性指数（SHDI）等。最后依据各指标数据制图，如表 3-11、图 3-18 所示。

从图 3-18 中不同景观指数变化曲线图可以看出，斑块密度（PD）、景观形状指数（LSI）、景观聚集度（CONTAG）随着粒度的增大而整体呈下降趋势；Shannon 多样性指数（SHDI）、最大斑块指数（LPI）则随着粒度的增大而上升。斑块密度（PD）、景观形状指数（LSI）、景观聚集度（CONTAG）这三个指数变化并无明显的拐点，其他两个指数则均在粒度为 25 时出现拐点。所以，本书将最佳研究粒度选为 25m。

土地覆盖类型景观不同尺度的指标变化　　表 3-11

粒度（m）	景观指数				
	斑块密度（PD）	最大斑块指数（LPI）	景观形状指数（LSI）	景观聚集度（CONTAG）	Shannon 多样性指数（SHDI）
5	9.6081	17.7299	28.4342	72.0653	0.9032
10	9.5467	17.7282	28.2246	70.0212	0.9034
15	9.4237	17.7263	27.9643	68.2878	0.903
20	9.2551	19.1124	27.6353	66.7309	0.9036
25	9.1738	20.0593	27.072	65.476	0.9018
30	8.8458	27.4384	26.5777	64.2172	0.9034
35	8.2715	29.4128	25.9563	63.2021	0.903
40	7.9726	29.5699	25.2116	62.3558	0.9022
45	7.4084	31.5972	24.6266	61.4678	0.9037
50	7.1931	33.3255	23.884	60.7603	0.9049

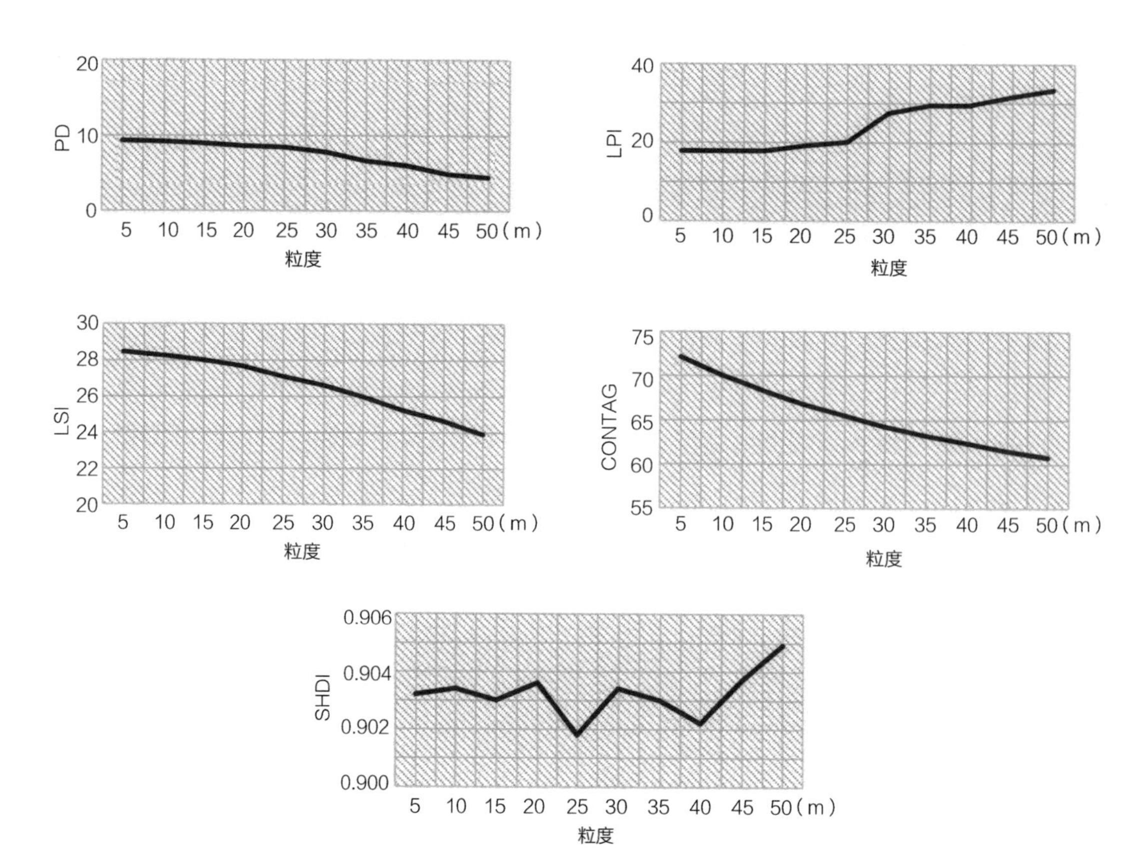

图 3-18　不同粒度下景观指数变化曲线图

3.3.3 斑块特征变化

将 ArcGIS 中历年土地利用现状数据导入 Fragstas 软件，计算秦岭北麓鄠邑段 2000—2016 年景观类型水平，结果分别如表 3-12 所示。

秦岭北麓鄠邑段类型水平景观指数　　表 3-12

类型	年份	LPI	PD	LSI
耕地	2000	29.5002	0.2986	21.0239
	2005	29.8665	0.3901	20.5152
	2011	25.0434	0.615	26.4027
	2016	20.0593	1.012	28.8381
园地	2000	0.4129	1.8778	23.2578
	2005	0.223	0.9773	19.5878
	2011	0.2224	2.1892	27.3885
	2016	0.1736	2.1961	27.1116
林地	2000	0.1	0.5236	15.306
	2005	0.0796	0.2669	12.5513
	2011	0.0938	0.4346	15.7363
	2016	0.0371	0.5122	16.303
水域	2000	1.1401	0.6259	18.8673
	2005	0.7389	0.423	17.6978
	2011	0.831	0.6559	20.3194
	2016	0.7644	0.6474	20.2287
建设用地	2000	2.1207	2.1478	23.1947
	2005	9.4224	1.6138	28.789
	2011	10.1998	3.8824	34.4639
	2016	16.6659	3.831	34.8396
其他用地	2000	1.0851	2.4423	24.004
	2005	0.2692	0.1684	6.9597
	2011	0.0079	0.2706	8.4634
	2016	0.0146	0.9752	15.9583

1. 斑块面积变化

由图 3-19 可以看出，耕地和建设用地的最大斑块指数变化最为剧烈，其中耕地的最大斑块指数逐年降低，建设用地的最大斑块指数逐年上升，并且二者趋于接近。耕地的最大斑块指数是所有用地类型中最高的，说明耕地是研究区域最具优势度的景观类型，

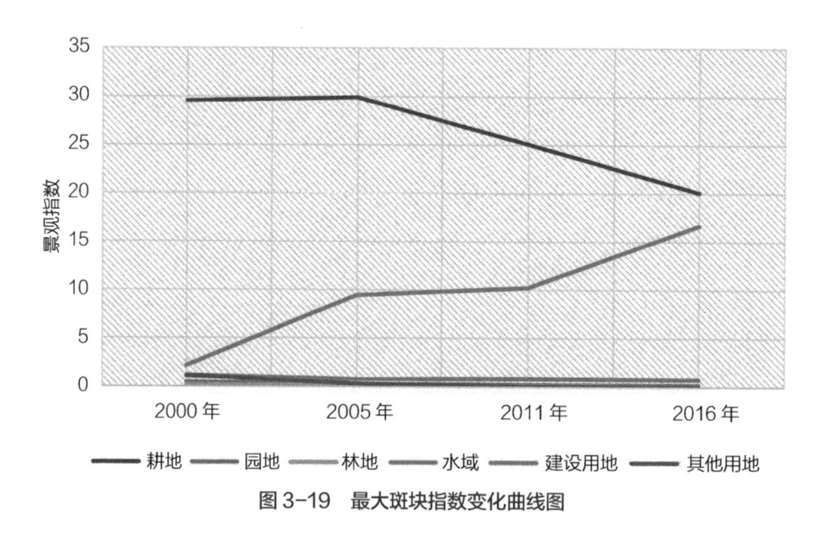

图 3-19　最大斑块指数变化曲线图

但其优势度逐渐减小，并有被建设用地取代的趋势。园地、林地、水域及其他用地的最大斑块指数变化均呈下降趋势，但变化并不显著。研究区最大斑块指数变化清晰地反映了城市化快速扩张导致的基质变化过程，耕地和建设用地成为秦岭北麓鄠邑段共同的基质类型。

2. 斑块数量变化

由图 3-20 可以看出，从 2000 年至 2016 年，耕地斑块密度指数增大；建设用地、园地、其他用地从 2000 年至 2005 年斑块密度指数减少，从 2005 年至 2016 年呈增加趋势，但建设用地和园地总体呈上升趋势，而其他用地总体呈下降趋势；林地、水域的斑块密度指数变化不显著。研究区斑块密度指数变化表明建设用地、园地和其他用地的斑块数量变化最为剧烈。新世纪以来，城市化快速扩张，导致建设用地的数量激增，同

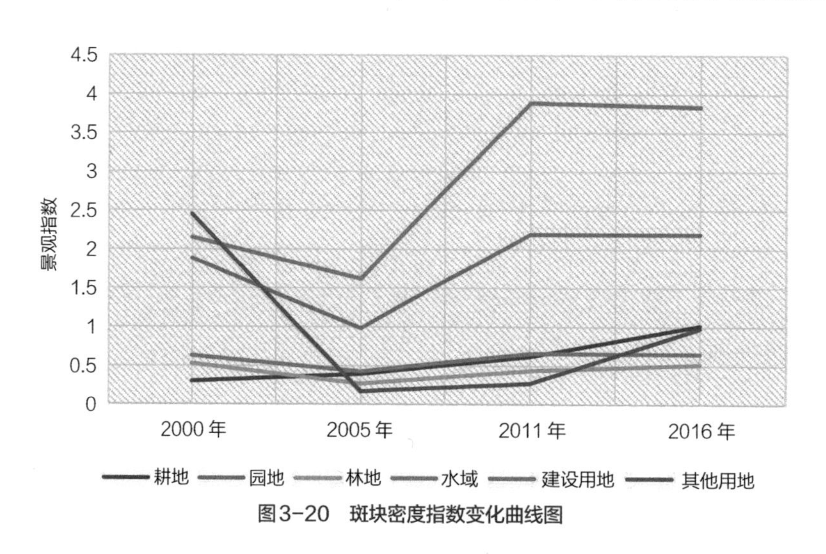

图3-20　斑块密度指数变化曲线图

时秦岭北麓生态旅游产业的发展，促使以户太八号、同兴西瓜为代表的瓜果种植园地快速增加，而其他用地由于向建设用地、耕地大量转化而导致其斑块数量下降。

3. 斑块形状变化

景观形状指数增加，表明耕地形状边界趋于复杂化。由图 3-21 可知，建设用地的景观形状指数增加；耕地、园地、林地、水域、其他用地的景观形状指数均在 2000 年至 2005 年呈下降趋势，2005 年至 2016 年呈上升趋势。总体看来，除其他用地之外，从 2000 年至 2016 年所有用地景观形状指数均呈上升趋势，说明从 2000 年至 2016 年各类用地斑块形状趋于复杂化。

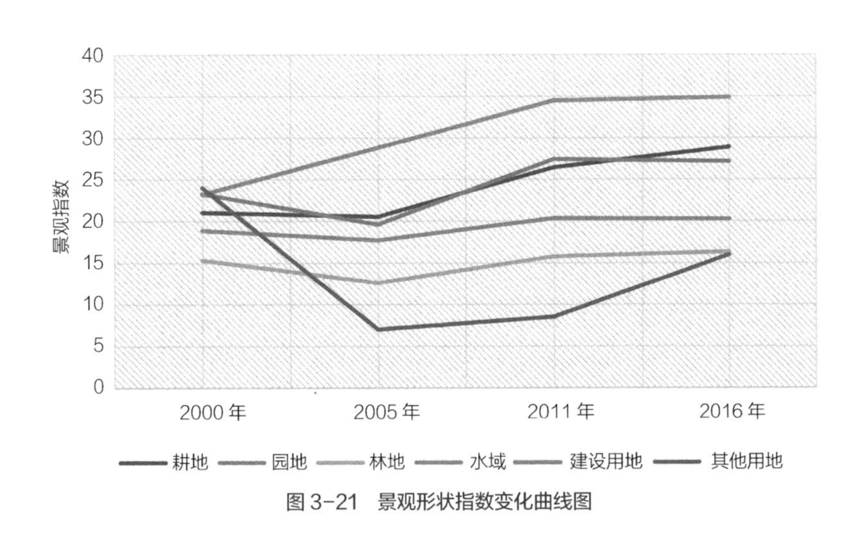

图 3-21　景观形状指数变化曲线图

3.3.4　景观整体特征变化

将 ArcGIS 中历年土地利用现状数据导入 Fragstas 软件，计算秦岭北麓鄠邑段 2000—2016 年景观水平指数结果如表 3-13 所示。

秦岭北麓鄠邑段山前洪积扇区景观水平指数　　表 3-13

年份	CONTAG	SHDI
2000	67.5471	0.8796
2005	69.0446	0.8482
2011	67.3592	0.8556
2016	65.476	0.9018

由图 3-22 可以看出，从 2000 年至 2005 年研究区域景观聚集度指数增加、Shannon 多样性指数下降，说明 2005 年研究区域人类活动干扰强度有所控制。原因在于西安市政府于 2005 年对秦岭北麓生态环境的执法力度加大，关闭部分采矿企业，遏制房地产开发。从 2005 年至 2016 年期间，本书研究区域整体景观指数中景观聚集度指数下降、Shannon 多样性指数上升，说明研究区域 2005 年以来景观格局连接度降低、异质性增加。

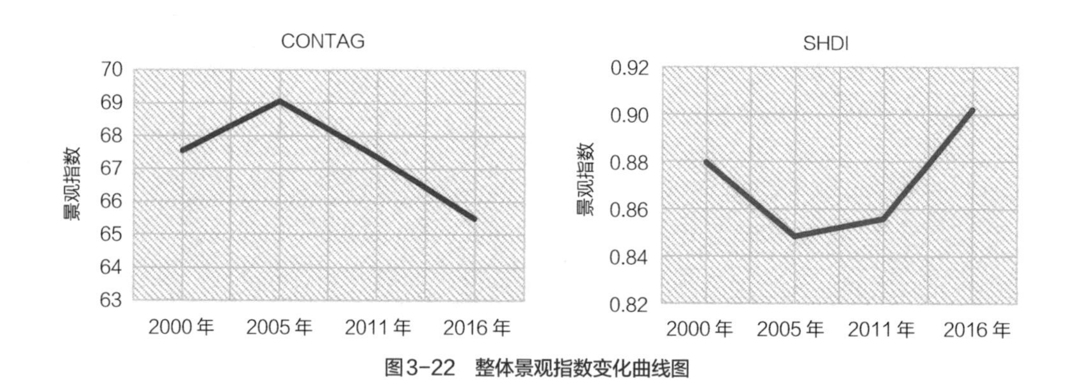

图 3-22　整体景观指数变化曲线图

3.4　2000—2016 年秦岭北麓鄠邑段廊道特征变化分析

3.4.1　廊道结构特征分析指标

对于廊道及由廊道在空间上相互交错形成的网络结构描述有较为成熟的指标体系（表 3-14）。本书研究区域主要有河流廊道、道路廊道两大类，其中主要河流基于秦岭北麓的地貌特征，均呈南北流向，而道路纵横交错呈网格状覆盖全域（图 3-23~图 3-26）。所以，河流廊道可以用廊道结构相关指标分析，而道路廊道则可以用廊道结构、廊道网络结构两类指标进行分析。

廊道及网络结构的主要指标　　表 3-14

指标		公式	生态学意义
廊道结构	宽度	—	廊道同基质接触的程度；对物种沿廊道和穿越廊道迁移的影响
	曲度	$D_q = Q/L$ Q—廊道实际长度； L—从初始位置到某特定位置的直线距离	数值范围 [1，2]，值越大弯曲程度越复杂。衡量生物在景观中两点间的移动速度

续表

指标		公式	生态学意义
廊道结构	连通性（间断）	$C=n/L$ n—断点数； L—廊道长度	廊道在空间上的连接或连续的度量，可以简单地用廊道单位长度上间断点的数量表示
廊道网络结构	密度	$D=L/A$ L—廊道长度（km）； A—廊道景观面积（km^2）	表述廊道的疏密程度
	线点率	$\beta=L/L_{max}=L/V$ L—连接廊道数； V—节点数； L_{max}—最大可能的连接廊道数	数值范围 [0，3]。$\beta=0$ 表示无网络存在；β 值增大，网络复杂性增加，表示网络内每一节点的平均连线数增加；β_i 为最低限度的连接
	环度	$\alpha=\frac{L-V+1}{2V-5}$ L—连接廊道数； V—节点数	表示能流、物流和物种迁移路线的可选择程度，可以很好地反映网络的复杂程度。数值范围 [0，1]。$\alpha=0$ 意味网络中不存在回路；$\alpha=1$ 意味网络中已达到最大限度的回路数
	连通性	$\gamma=\frac{L}{3(V-2)}$ L—连接廊道数； V—节点数	测度网络连通性，影响动植物的活动和能量的流通。数值范围 [0，1]，$\gamma=0$ 说明网络内无连接，只有孤立点存在；$\gamma=1$ 表示网络内每一个节点都存在着与其他所有节点相连的连线

资料来源：蔡婵静等（2005）[184]、肖笃宁等（2011）[128]48–49、傅伯杰等（2011）[100]67，80–81。

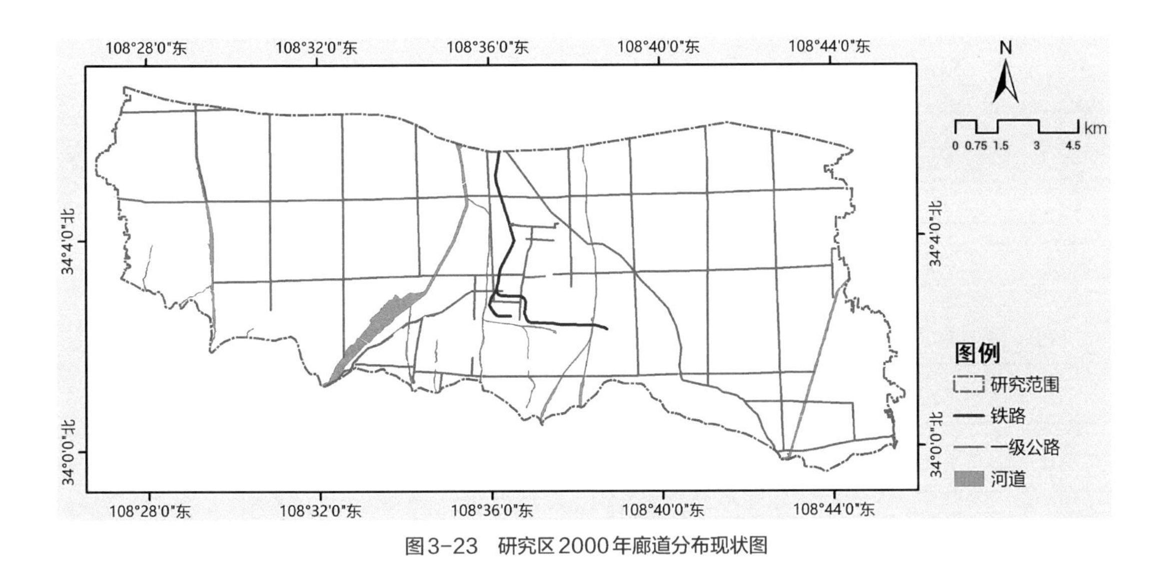

图3–23 研究区2000年廊道分布现状图

3.4.2 河流廊道特征变化

根据表 3–14 中廊道结构指标相关公式，计算研究区河流廊道 2000 年至 2016 年结构特征变化，结果如表 3–15 所示。

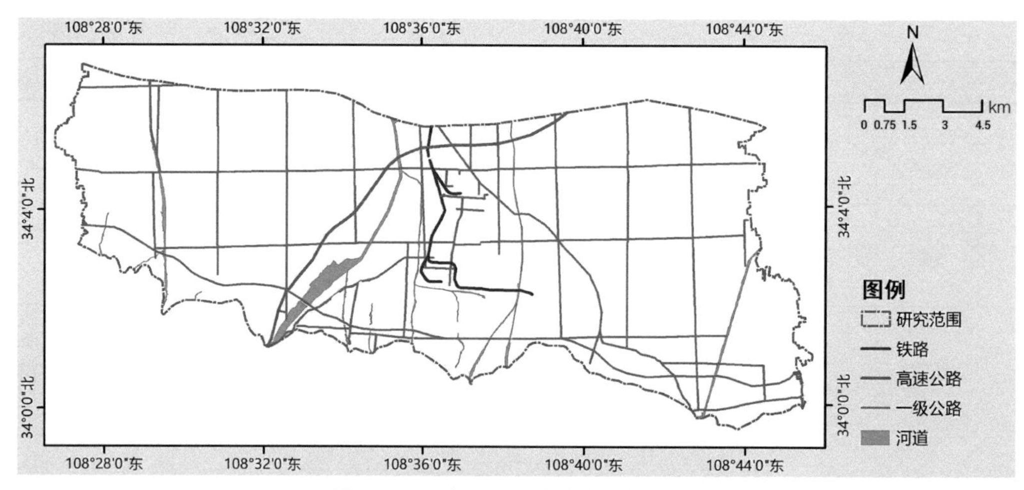

图 3-24　研究区 2005 年廊道分布现状图

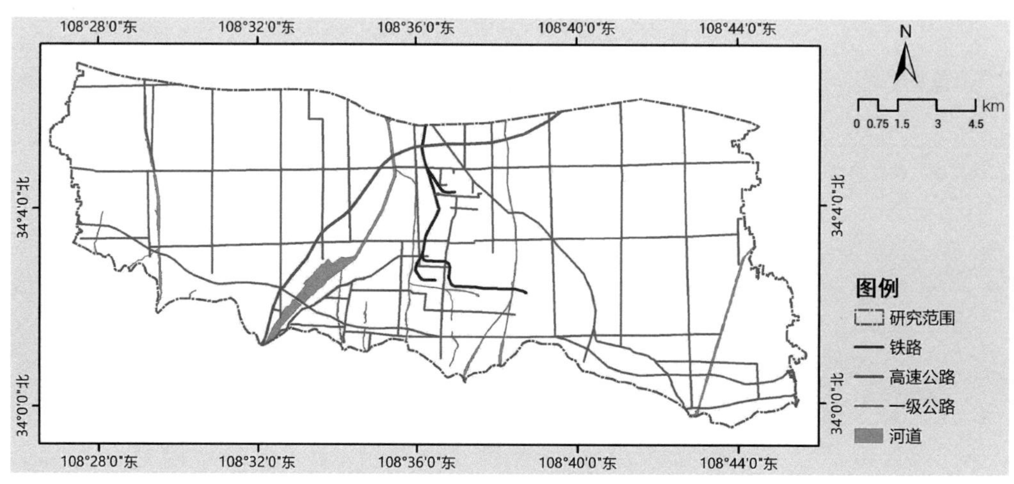

图 3-25　研究区 2011 年廊道分布现状图

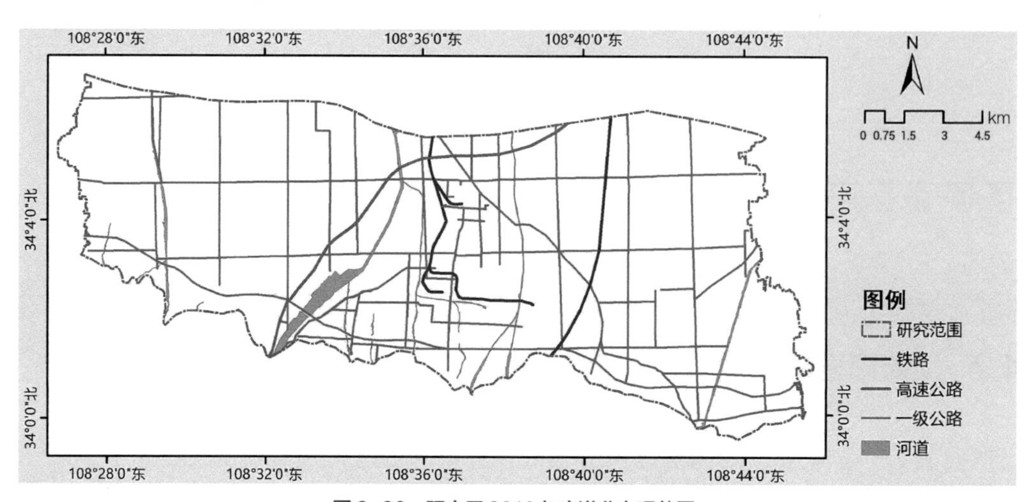

图 3-26　研究区 2016 年廊道分布现状图

研究区河流廊道结构特征变化度量表　　表 3-15

主要水系	年份	长度（km）	平均宽度（m）	弯曲度	连通性（间断）
甘河	2000	8.61	64	1.01	0.35
	2005	8.61	63	1.01	0.46
	2011	8.61	67	1.01	0.46
	2016	8.61	66	1.01	0.46
涝河	2000	10.8	246	1.11	0.19
	2005	10.8	219	1.11	0.37
	2011	10.8	222	1.11	0.37
	2016	10.8	221	1.11	0.37
新河	2000	10.35	46	1.06	0.48
	2005	10.35	44	1.06	0.58
	2011	10.35	43	1.06	0.68
	2016	10.35	42	1.06	0.68
太平河	2000	7.07	54	1.04	0.28
	2005	7.07	71	1.04	0.42
	2011	7.07	72	1.04	0.42
	2016	7.07	71	1.04	0.42

由表 3-15 可知，2000 年至 2016 年研究区主要河流的长度、曲度未发生变化，宽度则略微有浮动，连通性则因道路建设而降低。研究区河流廊道长度、曲度、宽度等指标未发生变化的原因是早在 20 世纪 70 年代鄠邑区进行了河道渠化治理。《户县志（2013）》《涝河志》《户县文史资料（第十三辑）》均记载了涝河、太平河当时治理的情况。从 1973 年至 1978 年，由县政府组织沿河各公社对涝河进行了治理。经过近五年的治理，新开河槽 19.63km，河底宽 75m、深 5.5m；修堤 62.62km，砌石护岸 23km。1975 年 12 月 25 日至 1976 年 1 月 20 日，县政府动员 10 个公社 2.6 万多人，从太平河拦河坝至大良村东南，25 天挖深 4m、底宽 50m 的河槽 6.8km，筑河堤 16.6km，使河水归道。

3.4.3　道路廊道特征变化

根据表 3-14 中廊道及网络结构指标相关公式，计算得出 2000 年至 2016 年研究区道路廊道网络结构特征变化，结果如表 3-16 所示。

研究区道路廊道网络基本度量表　　表 3-16

年份	长度（km）	密度（km/km^2）	连接廊道数	节点数	α	β	γ
2000	119.13	0.49	104	47	0.65	4.42	0.77
2005	245.52	1	168	80	0.57	4.2	0.72
2011	266.53	1.09	191	90	0.58	4.24	0.72
2016	287.88	1.18	220	106	0.56	4.15	0.71

如表3-16所示，从2000年至2016年研究区道路廊道的长度、密度、连接廊道数、节点数均呈快速增长的趋势，其中2016年与2000年相比，增加了约2.4倍。廊道的α、β、γ三个指数则变化不明显，呈略微下降趋势。

3.5　本章小结

本章旨在分析秦岭北麓鄠邑段景观格局演变特征。基于秦岭北麓鄠邑段景观的特殊性，提出了空间特征的四维认知视角：①水平维度的土地覆被层；②竖向维度的“土地覆被－包气带－饱和水带”；③纵向维度的“扇根区－扇中区－扇缘区”；④时间维度的空间演变。其中水平维度的土地覆被变化是本书关注的核心。对研究区水平维度的空间特征重点展开分析，主要从三方面进行：

首先，利用马尔科夫转移矩阵、土地动态度等模型对研究区2000年至2016年土地利用类型的面积特征、转换情况、变化速率等进行分析。通过马尔科夫转移矩阵、土地动态度等模型计算分析可知，从2000年至2016年，耕地、建设用地、其他用地面积变化幅度最大，其中耕地、其他用地逐年减少，而建设用地逐年增加；耕地转出面积最大，其他用地、园地，转入面积最大的用地类型为建设用地，其次为耕地、园地；从年变化率来看，其他用地变化率最大，其次为林地和建设用地。

其次，利用景观格局指数分析法对2000年至2016年研究区斑块及景观整体特征变化进行分析。通过景观格局指数计算分析可知，耕地的最大斑块指数逐年降低，建设用地的最大斑块指数逐年上升，并且二者趋于接近；耕地斑块密度指数增大，建设用地、园地、其他用地斑块密度呈先减后增趋势，但建设用地和园地总体呈上升趋势，而其他用地总体呈下降趋势；除其他用地之外，所有用地景观形状指数均呈上升趋势；本书研究区域整体景观指数中聚集度指数先升后降、Shannon 多样性指数先降后升。

最后，对 2000 年至 2016 年研究区的河流廊道、道路廊道的结构特征变化进行分析。根据廊道相关指标计算分析可知，2000 年至 2016 年研究区主要河流的长度、曲度未发生变化，宽度则略微有浮动，连通性则因道路建设降低；道路廊道的长度、密度、连接廊道数、节点数均呈快速增长趋势。

4 秦岭北麓鄠邑段多过程相互作用机制分析

从风景园林规划实践的角度，探讨格局与过程的相互关系具有重要价值，特别是格局为物化格局或可见格局时这种价值就更大。我们总是期望，从格局的变化中获取变化的过程机制，反过来又从过程变化中更深刻地理解格局的变异动力，以达到调控的目的 [121]193。

本章将对秦岭北麓鄠邑段多个景观过程的相互作用机制展开研究。利用情境化变量关系研究法对秦岭北麓鄠邑段斑块、廊道、景观整体格局变化与三类主要自然过程、三类主要自然过程之间的相互作用关系进行分析，根据不同过程之间的相互作用关系来揭示秦岭北麓鄠邑段多个自然过程的相互作用机制（图 4-1）。

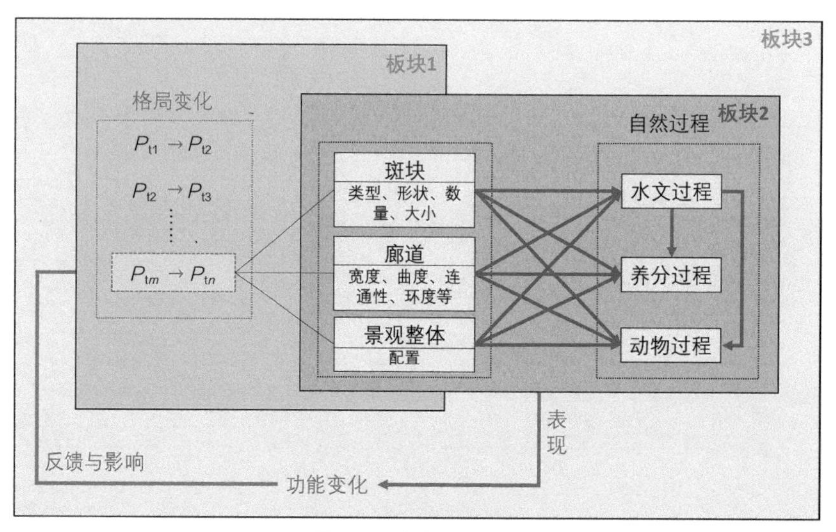

图 4-1　本章研究框架

4.1　秦岭北麓鄠邑段主要景观过程空间分析

4.1.1　水文过程

1. 水平维度水文过程

1）河川径流

由于河川径流只在河道这一单一景观要素中迁移，所以，为便于理解可以将其空间过程分为：上游山区河道（源）—研究区洪积扇河道（汇）—下游平原区河道（受体）（图 4-2）。鄠邑区境内有 36 条大小河流，均源于秦岭北麓，出山后汇成甘河、涝河、新河（含潭峪河）、太平河、高冠河五大水系，分布全区，贯通南北（表 4-1）。

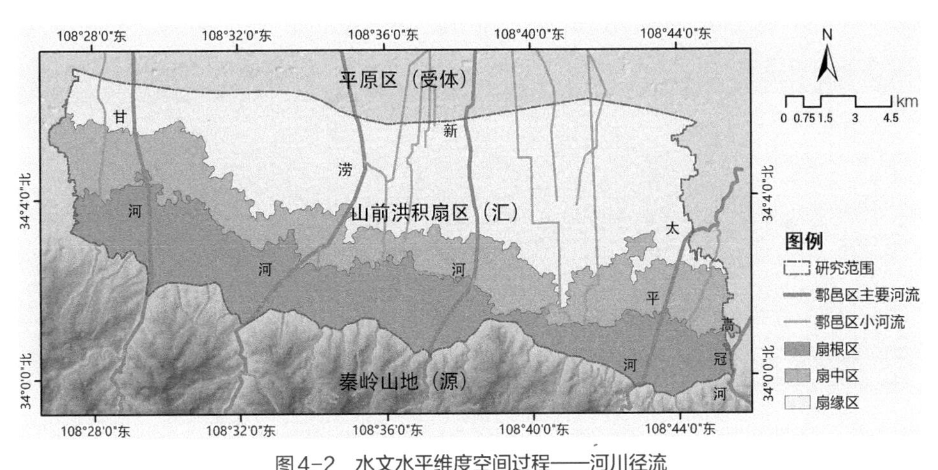

图4-2　水文水平维度空间过程——河川径流

秦岭北麓鄠邑段主要河流空间布局概况　　表 4-1

河流名称	出山口位置	汇入河道	河长（km）		流域面积（km^2）	流经研究区镇街
			总长	研究区长		
甘河	甘峪口	涝河	38.30	8.61	82.20	将村镇、祖庵镇
涝河	西涝峪口	渭河	75.80	10.80	378.00	石井镇、余下镇
新河（含潭峪河）	潭峪口东	渭河	33.10	10.35	35.90	石井镇、庞光镇、余下镇
太平河	太平口	沣河	34.80	7.07	180.50	草堂镇

2）地表径流

区域降水经过植物截留、下渗、填洼、蒸散发等蓄渗过程后产生地表径流，地表径流在景观中的空间过程为：土地覆被类型（源）—林地（汇）—河流（受体）。如图 4-3 所示，植被斑块间的不同用地类型降水后产流，地表径流流经植被斑块时被截留并储存在土壤中，截留后过量的径流最后汇向河道 [185]。

2. 竖向维度水文过程

下渗又称入渗，是指从地表渗入土壤和地下的运动过程 [186]74，下渗的空间过程为：土地覆被（源）—包气带（汇）—饱和水带（受体）（图 4-4）。降水最初阶段，受土粒的分子力作用，首先水被土粒吸附成薄膜水，然后在水的表面张力作用下形成毛细水，继而在重力作用下部分下渗水可到达地下水面 [187]23。秦岭山前洪积扇的结构构成使其水文过程较为特殊，主要水文过程除了南北向的河川径流过程，还有洪积扇河流大量渗漏的过程。冲洪积扇中上游，松散堆积物颗粒粗、厚度大，秦岭诸河出山后由于渗漏大部分都潜入地下，地上河流减少甚至断流。河川渗漏有力地补充了地下水，除此之外入渗

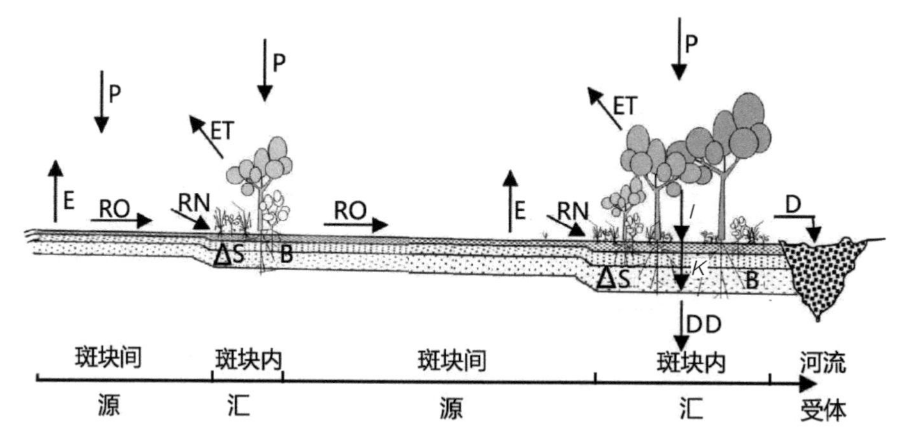

图 4-3　水文水平维度空间过程——地表径流

降水（P）发生后，斑块间产流（RO）被植被斑块截留（RN）并储存在土壤（ΔS）中，储存量与土壤渗透率（I）、水力传导率（K）和生物活性（B）有关，过量的水分继续产流（RO）。土壤水分通过深层渗漏（DD）、土壤蒸发（E）和植物蒸腾（ET）产生消耗，降水量足够大时径流还会注入（D）小溪和河流中

（资料来源：改绘自参考文献 [186]）

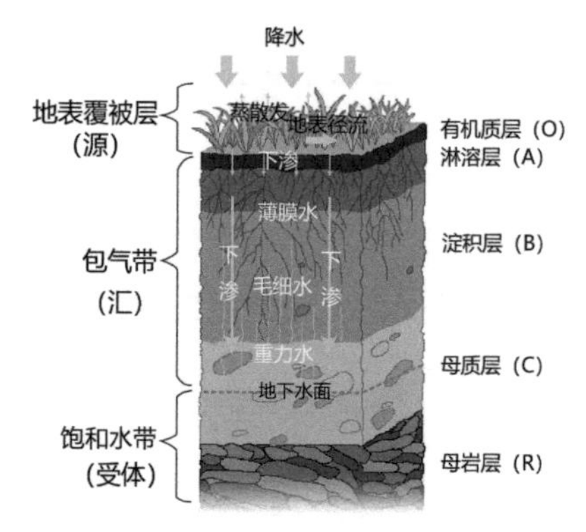

图 4-4　水文竖向维度空间过程

（资料来源：改绘，底图来自 www.google.com）

的水文过程还有：①降水垂直入渗；②秦岭浅部基岩裂隙水的上游侧向径流；③渠道和田间灌溉回归水入渗。

需要说明的是，本书主要关注的地下水类型为潜水，而非承压水。潜水面以上不存在（连续性）隔水层，因此潜水与大气水及地表水联系紧密，积极参与水文循环，对气象、水文因素响应敏感，水位、水量和水质发生季节性和多年性变化[160]27。

3. 纵向维度水文过程

水分下渗后在洪积扇水文地质结构中的空间过程为：扇根区（源）—扇中区（汇）—扇缘区道（受体）。扇根区河流出山大量下渗后，到扇中区粗细沉积交错带以泉或泄流的形式溢出地表，进而使得扇缘区下游河床水量增大（图 4-5、图 4-6）。

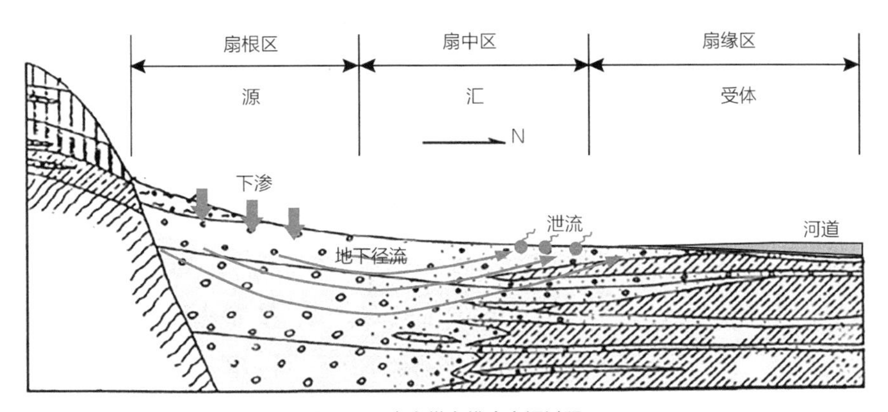

图 4-5　水文纵向维度空间过程
（资料来源：改绘，底图来自参考文献 [77]）

（a）

（b）

（c）

图 4-6　秦岭北麓太平河山前洪积扇区河道水量变化图
（a）洪积扇河道出山口水量现状（太平口村段）；（b）扇根、扇中区河道水量现状（马丰滩村段）；
（c）扇缘区河道水量现状（郭南村段）

4.1.2 养分迁移

景观中养分的流动是伴随着水流形成的，其在较大程度上取决于水流的特性。养分以颗粒物质或溶解物质两种形式存在于景观中。颗粒物质是指悬浮于水中但不溶于水的物质，包括有机物质（如细菌、孢子等）和无机物质（如黏粒、粉粒）两类；溶解物质是指在水中发生化学分解并进入溶液的物质，也可能是有机的（如腐殖酸、尿素）或无机的（如硝酸盐、硫酸盐和钙）[145]178。研究区域属于典型的农业景观区，农业氮磷施肥是主要的养分来源。氮和磷是景观养分运动中最重要的两种基本元素，它们被用于提高土壤肥力，同时也是水体的污染源。农业活动中过量施用化肥，容易造成农田氮磷养分的流失，进而引发农业非点源污染。所以，本书主要关注水体中的可溶性物质运动，特别是氮（N）和磷（P）。

1. 水平维度养分迁移

水平维度的养分迁移主要表现为养分随地表径流扩散，其空间过程为：耕地、园地（源）—林地（汇）—河道（受体）。降雨对耕地、园地土壤产生侵蚀作用，耕地、园地土壤中的氮素、磷、农药等溶解于水中，并随地表径流进行扩散，养分随地表径流扩散过程中，被林地植被斑块截留、沉淀，多余的养分继续随地表径流输入河道（图 4-7）[188]。

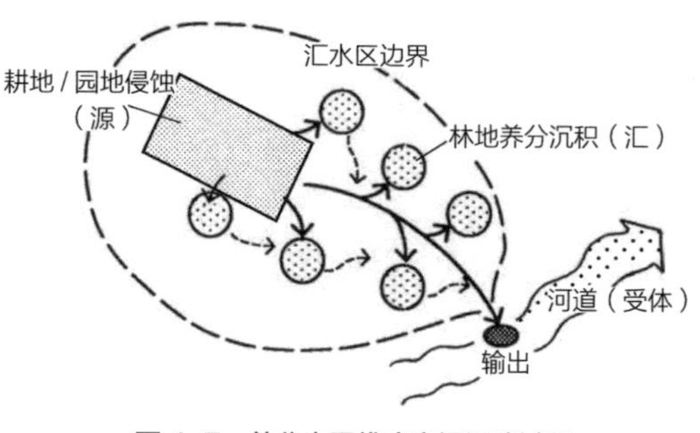

图 4-7　养分水平维度空间迁移过程
（资料来源：改绘自参考文献 [189]）

2. 竖向维度养分迁移

竖向维度的养分迁移主要指土壤养分淋失过程，其空间迁移过程为：土地覆被层（源）—包气带（汇）—饱和水带（受体）。氮淋失是土壤中养分氮随水分向下渗透至根系活动层以下，从而不能被作物根系吸收造成氮素损失[189]。如图 4-8 所示，降水在土地覆被层的耕地、园地表层土壤产生溅蚀，使得土壤中养分释放并溶于雨水中；氮、磷等溶解物质随水向下移动，并在土壤中沉积；土壤中的养分一部分被根系吸收，一部分则在淋

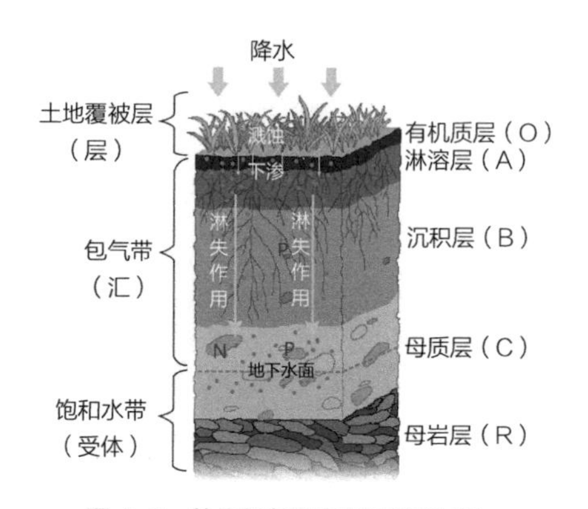

图 4-8　养分竖向维度空间迁移过程
（资料来源：根据谷歌图片改绘）

溶作用下继续向下移动，进入地下水。

3. 纵向维度养分迁移

纵向维度的养分迁移是养分随地下水在洪积扇地质结构中运动的过程，其空间过程为：扇根区耕地/园地（源）—扇中区（汇）—扇缘区河道（受体）。养分迁移受水分驱动，其纵向维度空间过程如图 4-5 所示。

4.1.3 动物运动

目前，秦岭北麓鄠邑区段适合野生动物的栖息地类型包括平原栽培植被（经济林、防护林）、河流、池塘、农田等，主要栖息动物为啮齿类、鸟类及两栖类等边缘种。兽类中优势种有啮齿类的黑线姬鼠、小家鼠、仓鼠、田鼠、草兔等，食肉兽有黄鼬（黄鼠狼）[167]464-465。农耕地、果园的鸟类优势种有麻雀、白头鹎，常见种有珠颈斑鸠、金翅、灰椋鸟等；水域的鸟类优势种有金眶鸻、白鹭，常见种有灰头麦鸡、斑嘴鸭[89]。两栖类动物常见种有中华蟾蜍、花背蟾蜍等[190]，主要栖息在河流、池塘、水沟或近岸草丛中（表 4-2）。

秦岭北麓鄠邑区段代表性物种分析　　表 4-2

物种	白鹭（*Egretta Garzetta*）	黄鼬（*Mustela Sibirica*）	中华蟾蜍（*Bufo Gargarizans*）
类别、居留情况	涉禽、夏候鸟	食肉类	两栖类
鄠邑区栖息地特征及类型	夏季主要栖息于稻田和溪流中，秋季则主要在河流、水库、池塘等浅水地带取食	主要栖息于山坡、林缘、灌木丛及草地等处	主要栖息于河流、池塘、水沟或近岸草丛中
保护级别	《濒危野生动植物种国际贸易公约》名单附录Ⅲ物种	无危	无危
实景照片			

来源：作者根据相关资料整理。

动物只有水平维度的运动过程，其空间过程为：林地、水域等栖息地（源）—土地覆被（汇）—林地、水域等栖息地（受体）。景观中动物运动有巢域范围内活动、扩散及迁徙三种方式，其运动的根本目的是寻找合适的栖息地或者为了寻找充足的食物，在景观空间中表现为克服不同景观要素空间阻力进行水平迁移的过程[100]。由于研究尺度的限定，动物在本书研究区域的活动表现为巢域活动及扩散活动两种方式（图 4-9）。其中，巢域活动包括栖息地日常活动（栖息、暂息、躲避天敌等）、寻找食物资源活动（食物、水源、筑巢材料等），扩散活动是指动物从它当前巢域向另一新巢域的单向运动。

图4-9　研究区动物水平维度栖息地活动与扩散活动

4.2　秦岭北麓鄠邑段格局变化与自然过程相互作用关系分析

4.2.1　格局变化与水文过程

1. 相关科学研究诠释

土地利用变化改变了地表植被的地表径流截留量、土壤水分的入渗能力等因素，进而影响着流域的水文情势和产汇流机制，增大了流域洪涝灾害发生的频率和强度[191]。在区域尺度上影响水文循环过程的地表覆被变化过程主要包括植被变化、农业开发活动、道路建设以及城镇化等[192]。

由于本书研究区域的林草地面积不足 1%，城市化建设用地扩张和农业开发活动成为影响区域水文过程的主要土地利用活动。①城市化扩张：建设用地快速扩张导致城区不透水下垫面大量增加，使水分转化的界面过程发生变化，主要表现为地表径流系数增大，地下水补给减少。②农业开发活动：耕地、园地等农业用地的扩张及集约化发展，促使原自然状态下的土壤压实和结皮，进而导致土壤入渗速率及蓄水含量降低。

2. 地域化表征

秦岭北麓鄠邑段发生的森林砍伐、河道治理、滩地围垦、建设用地快速扩张等土地利用变化极大地改变了秦岭北麓鄠邑段的水文下渗、产汇流过程。一方面，土地利用变化对秦岭北麓鄠邑段水文过程作用的最直接影响是影响地表水下渗，导致地下水位不断下降。根据《户县志（2013）》记载，20 世纪 60 年代平原区的地下水位达 1~4m，到 2005 年地下水位下降至 14~35m。另一方面，20 世纪 70 年代秦岭北麓鄠邑段大规模的河道治理导致河流及两岸水文过程被重新塑造。20 世纪 50 年代涝河、太平河两岸湿地、沼泽各有 2 万余亩。由于取直的河道直流而下，缩短了河水停留和渗漏的时间，造成地下水位不断下降，致使湖泊湿地消失殆尽。

3. 变量因果关系分析

根据格局变化与水文过程相互作用的相关科学研究及地域化表征，二者相互作用关系的变量因果映射关系及诠释如图 4-10、表 4-3 所示。

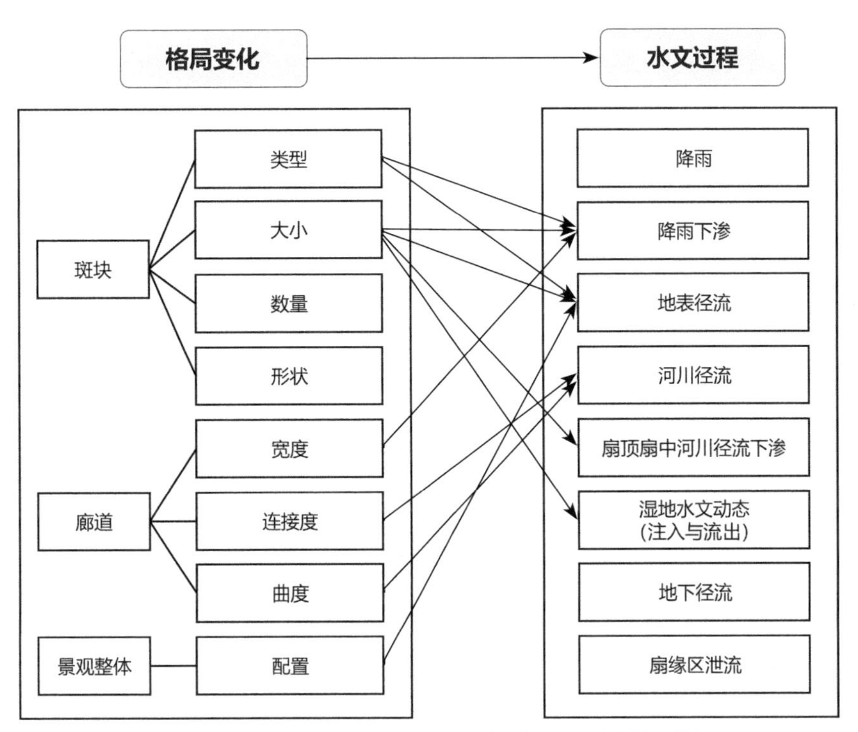

图 4-10　研究区景观格局变化与水文过程变量因果映射关系分析

格局变化与水文过程变量因果关系诠释　　表 4-3

格局变化相关变量	水文过程相关变量	变量因果关系诠释
斑块类型	降雨下渗	植被及地面上的枯枝落叶具有滞水作用，增加了下渗时间，从而减少了地表径流，增大了下渗量（黄锡荃等，1985）[186]80-81。一般认为，景观中植被覆盖度越高的斑块类型（林地、草地、园地等），其下渗量越大
	地表径流	景观中植被覆盖度越高的斑块类型，其地表径流越小
斑块大小	降雨下渗	景观中植被斑块面积的增大或减小，会引起整个景观植被覆盖的变化，从而影响水分运动（曾辉等,2017）[193]123。一般认为，景观中植被斑块面积越大，其下渗量越大
	地表径流	景观中林地、园地等植被覆盖度高的斑块面积越大，其地表径流越小
	扇顶扇中河川径流下渗	洪积扇河道河床沉积的漂砾卵石层颗粒粗、厚度大、透水性好，为天然的可供引渗的有利场所（康卫东等，2011）[75]。河床面积越大，其下渗量越大
	湿地水文动态	自然和经人工改造后的坑塘洼地，大多与浅层含水层沟通，是较为理想的引渗回灌区（杨丽芝等，2009）[194]。湿地面积越大，其下渗量越大
廊道宽度	地表径流	河岸植被缓冲带对地表径流可以起到滞缓作用，调节入河（水体）的洪峰量（傅伯杰等，2011）[100]130。河岸植被缓冲带越宽，进入河道的地表径流越小
廊道连接度	河川径流	河道设置堤坝会影响河道径流的连通性，连通性越低，河川径流越小
廊道曲度	河川径流	河道弯曲度越大，河川径流的阻力越大（董哲仁，2013）[195]49-50
景观整体配置	地表径流	不同的景观空间格局（林地、草地、农田、裸地等不同配置）对径流的影响差异较大（傅伯杰等，2011）[100]131-132

资料来源：根据表中相关文献绘制。

4. 关键变量识别

由洪积扇特殊的水文地质结构可知，下渗是本区域水文过程最为关键的变量。根据《户县志（2013）》记载，20 世纪 60 年代平原区的地下水位达 1~4m。1976 年的治河工程将河道裁弯取直，开辟出了大量农田，却使仅有的湿地减少 90% 以上。又由于县域南北落差大，取直的河道直流而下，缩短了河水的停留和渗漏时间。加上农田灌溉和工业生产过量汲取地下水，到 2005 年地下水位下降至 14~35m。地下水的下降进一步导致了水环境恶化、农业环境恶化、城市地质环境恶化等一系列问题[196，197]。

地下水补给来源主要有大气降水入渗、河流入渗、农田灌溉水入渗和上游侧向径流等（图 4-11）[199]。其中，大气降水入渗和河流入渗是秦岭北麓鄠邑区潜水的主要补给来源，约占地下水补给量的 90%（表 4-4）。河川径流下渗过程由河川岩性决定，受土地利用空间影响较小。降水下渗过程发生的空间场所直接受土地利用变化的影响，当前问题较为突出，同时也是空间规划易于发挥作用的地方。所以，自然降水下渗是秦岭北麓鄠邑段地下水补给的关键过程。

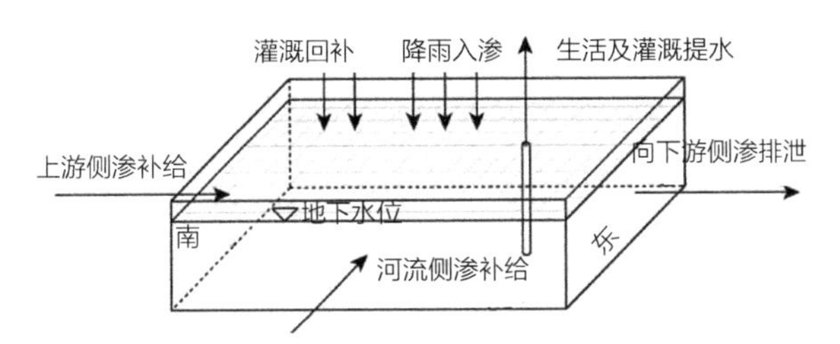

图 4-11　地下水补给与排泄过程概念模型图
（资料来源：引自参考文献 [198]）

关中地区地下水的补给量组成　　表 4-4

补给量来源	补给量（亿 $m^3 \cdot d^{-1}$）	占百分比（%）
大气降水入渗	14.98	40.55
河流入渗	18.21	49.3
农田灌溉入渗	2.17	5.87
上游侧向径流	1.58	4.28
总补给量	36.94	100

资料来源：根据李琪（2012）[198] 整理。

5. 关键变量因果关系情境化分析

由图 4-12、表 4-4 可知，斑块类型和斑块大小是影响降水下渗的因变量。一方面，土地利用方式的改变导致土地覆被变化，深刻地改变了地表的性质，如粗糙度、反射率、植被冠层叶面积指数和影响水文通量的其他物理性质，进而对土壤入渗产生影响 [200]。许多研究结果表明，植被覆盖度高的下垫面（如林地、园地等）对降水有较高的拦截率，其地表产流历时较长，土壤的入渗量也较高。另一方面，城市化进程中的建设用地不断侵占河道、湿地等自然入渗空间，导致不透水下垫面增加，影响地下水补给。

降水入渗后对地下水补给量的相关计算公式为：

$$Q = 10^{-1} \times F \times P \times \alpha \qquad (4\text{-}1)$$

式中　Q——降水入渗补给量（$10^4 m^3/a$）;

F——计算面积（km^2）;

P——降水量（mm）;

α——降水入渗补给系数。

鄠邑区年均降水量 627.6mm，入渗系数参考相关文献 [201]，分别取值为耕地 0.2、园地与林地 0.3、建设用地 0.02、其他用地 0.1。此外，秦岭北麓河床覆盖巨厚的漂卵石层，河流出山后大量渗漏，渗漏系数为 1[74]。将这些数据及 2000—2016 年的土地利用类型面积带入计算公式（4-1），得出研究区不同土地覆被类型入渗补给量（表 4-5）。

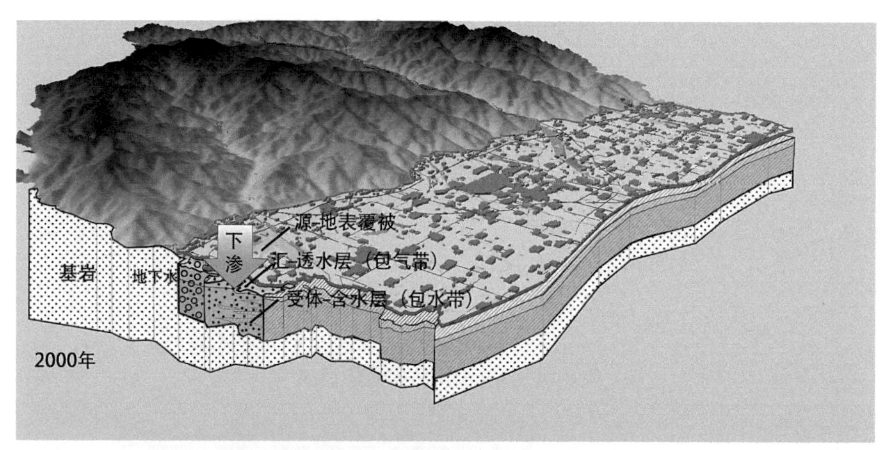

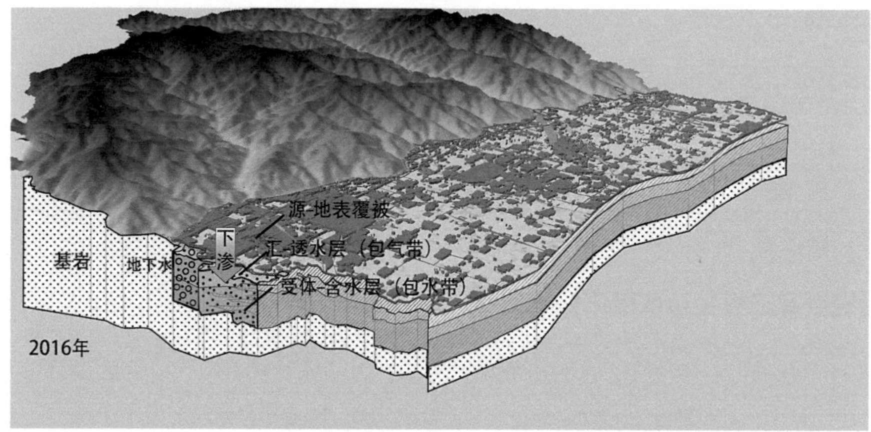

图 4-12　斑块类型与面积对降水入渗（“源”空间过程）的影响

注：格局变化与水文相互作用的关键变量分别为斑块的类型和大小、降水下渗过程，因果关系体现为斑块类型、大小的变化对降水下渗的“源”空间过程产生阻碍作用。

研究区域斑块类型入渗补给量（万 m^3/a）及所占比例（%）　　表 4-5

土地覆被类型	2000 年		2005 年		2011 年		2016 年	
	净补给量	比例	净补给量	比例	净补给量	比例	净补给量	比例
耕地	231.15	76.27	217.89	78.48	211.61	76.37	119.03	64.67
园地	19.24	6.35	17.55	6.32	19.83	7.16	18.47	10.03
林地	5.22	1.72	1.92	0.69	2.67	0.96	2.96	1.61
水域	37.47	12.36	32.13	11.57	35.52	12.82	34.52	18.75
建设用地	3.99	1.32	6.66	2.4	7.29	2.63	8.57	4.66
其他用地	6.01	1.98	1.49	0.54	0.16	0.06	0.52	0.28
总计	303.08	100	277.64	100	277.08	100	184.07	100

4.2.2 格局变化与养分迁移

1. 相关科学研究诠释

土地利用变化通过改变地表空间要素组合，影响地表覆被状况，从而改变土壤的理化性质，引起水分、养分等物质在土壤系统内的再分配，进而影响土壤质量或性质[57]。土地利用变化与养分迁移相互作用主要表现为两方面：①土地利用变化对地表径流中的养分影响。不同土地利用类型径流中的溶解态氮浓度的差别较大，浓度由高及低依次为村庄、耕地、草地及林果地[202]。径流中养分的变化与耕地、林草地的面积呈显著线性相关关系。在不同土地利用组合类型中，如耕地－林地、草地－耕地，其径流中氨氮检测值随着林地 / 草地所占面积的百分比升高而变小，随着耕地百分比升高而呈变大的趋势[203]。②土地利用变化可以改变养分下渗过程，进而引起土壤养分的变化。傅伯杰和郭旭东等（2001）研究了河北省遵化县（1992 年撤销遵化县，设立遵化市）1980 年到 1999 年土地利用变化及土壤变化，研究结果表明，旱地转为林地，土壤有机质提高了 21%，全氮提高了 10%，碱解氮提高了 65%，速效磷和速效钾提高了 17%[204]。

2. 地域化表征

现代农业是世界农业发展的大趋势，我国农业正处于传统农业向现代农业转型的关键时期[205]。鄠邑作为一个农业大县，农业现代化一直是其经济发展的基本战略。农业现代化发展过程中，土地集约化导致大量林地被转化为耕地。从 2000 年至 2016 年，林地转入 157.39hm^2，转出 276.51hm^2，总面积减少 43%。其中，转出的土地类型中，林地转耕地 156.91hm^2，占林地总面积的 56.7%。农田中林地减少，必然会导致地表径流中养分无法被有效截留。

3. 变量因果关系分析

根据格局变化与养分过程相互作用的相关科学研究及地域化表征，二者相互作用关系的变量因果映射关系及诠释如表 4-6、图 4-13 所示。

格局变化与养分过程变量因果关系诠释　　表 4-6

格局变化相关变量	养分过程相关变量	变量因果关系诠释
斑块类型	土壤养分释放（吸附态 / 溶质态）	土壤养分是在雨滴作用下向雨水释放或被雨滴溅蚀（邵明安，张兴昌，2001）[206]。植被覆盖度越高的斑块类型，降雨溅蚀土壤所释放的养分含量越小
	吸附态 / 溶质态进入地表径流扩散	植被覆盖度越高的斑块类型，对地表径流中的养分截留作用强度越高

续表

格局变化相关变量	养分过程相关变量	变量因果关系诠释
斑块类型	溶质态下渗－土壤沉积 / 溶质态下渗－进入地下水	植被覆盖度越高的斑块类型，其溶质态下渗量越大
斑块大小	吸附态 / 溶质态进入地表径流扩散	景观中植被斑块面积的增大或减小，会引起整个景观植被覆盖度的变化，从而影响养分迁移（曾辉等，2017）[193]123。一般认为，随着植被斑块面积的增大，其滞留养分的作用增强
	溶质态下渗－土壤沉积 / 溶质态下渗 / 进入地下水	同上
廊道宽度	吸附态 / 溶质态进入地表径流扩散	河流两岸一定宽度的植被缓冲带可以通过过滤、渗透、吸收、滞留、沉积等使进入地表的沉积物、氮、磷、杀虫剂和真菌等减少（曾立雄等，2010）[207]。河岸植被缓冲带越宽，其滞留养分的作用越强
廊道曲度	吸附态 / 溶质态进入地表径流扩散	一般来说，廊道越弯曲，距离越长，物质、能量和物种在景观中两点间的移动速度就越快（傅伯杰等，2011）[100]67
	溶质态下渗－土壤沉积 / 溶质态下渗 / 进入地下水	同上
景观整体配置	吸附态 / 溶质态进入地表径流扩散	在不同土地利用组合类型中，随着林地 / 草地所占百分比的升高，氨氮监测值变小；随着耕地百分比的升高，氨氮监测值有变大的趋势（李俊然等，2000）[203]

资料来源：根据表中相关文献绘制。

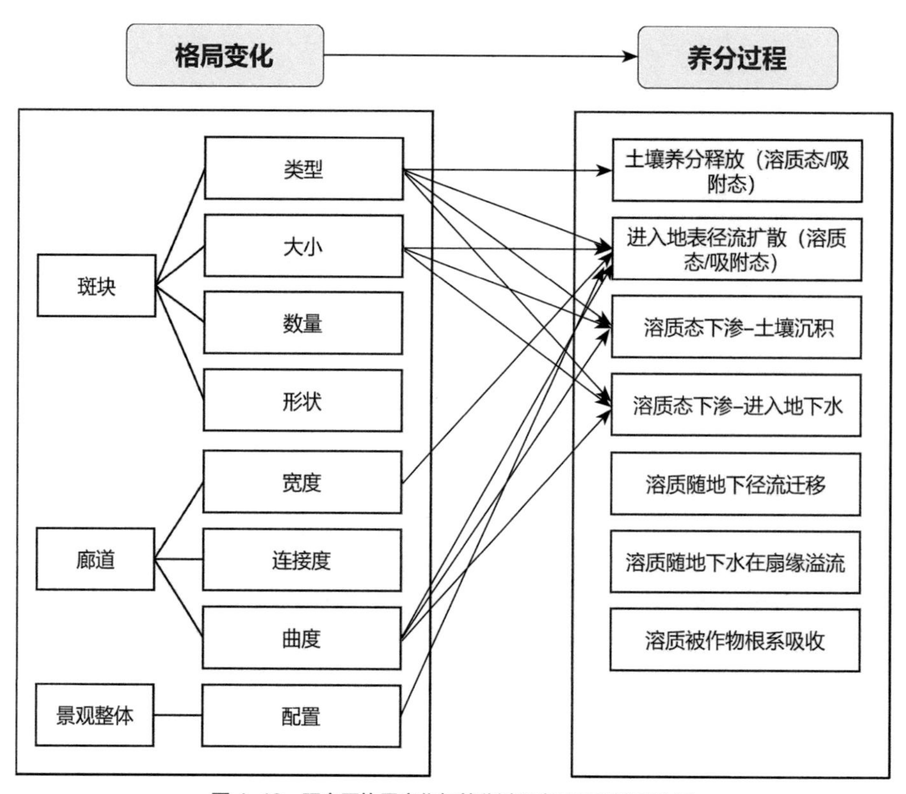

图 4–13　研究区格局变化与养分过程变量因果关系分析

4. 关键变量选取

从农业面源污染的产生机制来看，其发生是一个连续的动态过程，即降雨在不同的下垫面条件下产生地表径流，同时对土壤产生侵蚀作用，在降雨 - 径流驱动因子的作用下，使得大量泥沙与其附着的污染物及可溶性的污染物进入水库、湖泊、河流等水体，从而产生面源污染 [208]。相关研究表明，整个暴雨径流过程中氮素流失以地表径流为主，占总流失量的 81.66%，土壤中氮素流失量相对较少，仅占氮素总流失量的 18.34% [209]。所以，水平维度的养分进入地表径流扩散是我们应该关注的主要养分迁移过程。

在水平维度的养分迁移过程中，养分“源”过程尽管受耕地、园地面积等变量影响，但不断增加的人工施肥量是农田养分流失的主要影响因素。而养分在空间传输的“汇”过程中，被各类坑塘湿地、植被带截留、沉积。所以，选取斑块大小、廊道宽度与养分进入地表径流扩散的“汇”过程作为关键变量。

5. 关键变量因果关系情境化分析

从2000年至2016年，研究区林地面积由277hm^{2}减至157hm^2。林地面积的减少，必然导致地表径流中进入河道的养分增加。林地面积变化与径流中养分含量的因果关系情境化图示如图 4-14 所示。

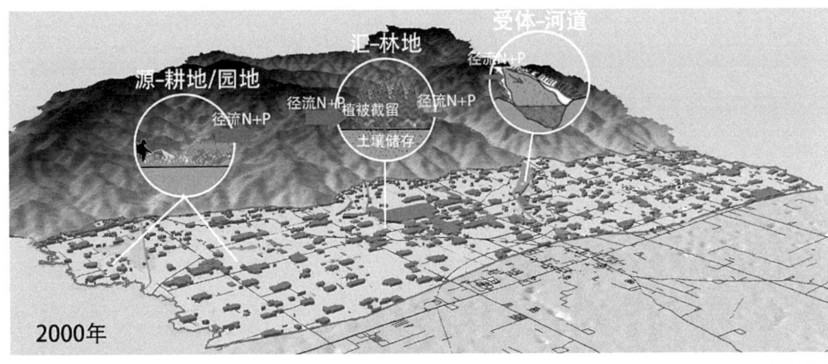

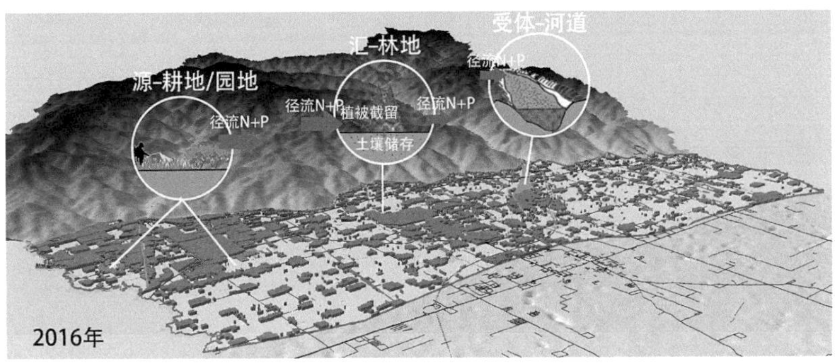

图 4-14 林地斑块面积变化对养分 - 径流扩散过程（“汇”空间过程）的影响

注：格局变化与养分迁移相互作用的关键变量分别为林地面积、养分径流扩散过程，具体表现为林地斑块面积减小对养分 - 径流扩散的“汇”空间过程起到促进作用。

4.2.3 格局变化与动物运动

1. 相关科学研究诠释

在当前，土地利用及其变化是影响生物多样性的主要因素[210]。自然用地类型如河流、坑塘湿地、林草地、荒地等可以为野生动物提供繁衍生息的生境和栖息地。随着人类对土地利用的强度增大，林地砍伐、农业开垦、城市化等土地利用活动不断挤压、侵占物种栖息地。人类不合理土地利用活动造成的生境破碎化是生物多样性下降的主要原因之一。生境破碎化是指大块连续分布的生境斑块被分割成许多面积较小、彼此隔离的斑块的过程[211]。破碎化造成物种生境面积减少、生境质量下降及生境斑块彼此隔离等影响[212]。

2. 地域化表征

由于人类活动的影响，鄠邑平原区的森林被砍伐殆尽，现以高度集约化的村庄和农田等人工生态系统为主。原森林中栖息的核心物种大多均退缩至秦岭山区，在平原区已绝灭。权伟（2007）通过将西汉时期长安地区与目前西安地区所分布的动物物种进行对比，发现除两栖类之外的兽类、鸟类、鱼类、爬行类动物中都有超过五成的物种在现今西安地区已荡然无存，其中鸟类最多，占 57.7%[213]。陕西省生物资源考察队、西北大学、中国科学院、四川农学院等单位早在 1956—1965 年期间就对西安地区的鸟类进行了系统的采集调查，其成果集中反映在《秦岭鸟类志》之中。根据《秦岭鸟类志》记载，秦岭北麓农耕区栽培植物带（海拔 400~780m）鸟类 116 种，常见鸟类有山斑鸠、珠颈斑鸠、家燕、金腰燕、白鹡鸰、黄臀鹎、绿鹦嘴鹎、黑卷尾、喜鹊、棕头鸦雀、画眉、白颊噪鹛、大山雀、暗绿绣眼、麻雀、金翅[214]21-22。20 世纪 60 年代至今，乌鸦、喜鹊、候鸟大雁等关中平原地区的野生鸟类几乎绝迹。徐沙等（2013）在 2011 年 4 月—2012 年 6 月调查西安市不同生境类型的鸟类区系和群落组成时，发现农田区的鸟类只有 46 种[91]。

3. 变量因果关系分析

根据格局变化与动物运动相互作用的相关科学研究及地域化表征，二者相互作用关系的变量因果映射关系及诠释如图 4-15、表 4-7 所示。

4. 关键变量选取

栖息地破碎化是造成区域生物多样性下降的最重要原因。栖息地破碎化一方面使得

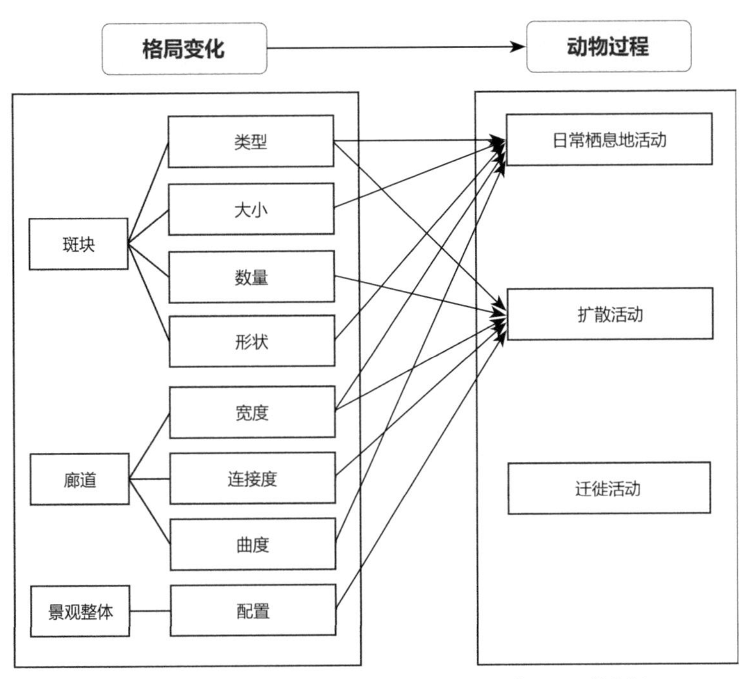

图 4-15　研究区土地格局变化与动物过程相互作用因果链分析

注：动物过程是指动物在景观中不同生态系统或景观单元之间的运动和迁徙，包括巢域范围内的运动、疏散运动及迁徙运动三种方式。

格局变化与动物运动变量因果关系诠释　　表 4-7

格局变化相关变量	动物运动相关变量	变量因果关系诠释
斑块类型	栖息地活动	人类毁林开荒等活动所形成的斑块中物种高度单一，必然造成物种多样性下降（傅伯杰等，2011）[100]277
	扩散活动	自然资源斑块（如湿地、林地）比人类干扰斑块（如建设用地、农田）更有利于物种生存，其对物种扩散的阻力也较小（俞孔坚，1999）[215]
斑块大小	栖息地活动	斑块越大，生境空间异质性和多样性增加；斑块越大，内部生境比例往往比较大（曾辉等，2017）[193]56-57
斑块数量	栖息地活动	斑块数量的减少往往导致生境的丧失，从而减少了依存于这些生境类型的种群（曾辉等，2017）[193]60
	扩散活动	斑块数量减少的同时减少了复合种群的大小，因而会增加局部斑块间种群灭绝的概率，减缓生物再定居的过程（曾辉等，2017）[193]60
斑块形状	栖息地活动	相同面积情况下，圆形或方形斑块比矩形或长条形斑块具有更大的内部面积和较少的边缘（Forman 和 Goderon，1986）[145]
廊道宽度	栖息地活动 / 扩散活动	宽阔的廊道能提供更大的栖息地面积，减轻边缘效应，并且通常能为物种迁徙提供更多机会（Bentrup，2008）[216]
廊道连接度	扩散活动	不同斑块借助廊道的连通性通向其他栖息地区域，促进基因流动，提高物种生存能力，促进斑块的重新利用和保护栖息地，从而有利于保护生物多样性（Bentrup，2008）[216]
廊道曲度	栖息地活动	廊道的弯曲处可以创造更多的异质性生境（曾辉等，2017）[193]67
景观整体配置	扩散活动	对景观结构的反映和感知会改变物种的运动行为，这种反映和感知可以理解为物种通过该景观结构的适宜度或成本（吴昌广等，2009）[217]。物种对不同土地利用类型的感知必然导致其通过不同土地类型所需要的成本不同

资料来源：根据表中相关文献绘制。

物种生存空间缩小并最终导致区域内物种数量下降或灭绝；另一方面表现为阻碍个体或种群间的交流，导致形成小种群，进而导致遗传分化和遗传多样性的丧失[218]。由于鄠邑区受秦岭北麓生态环境保护政策的影响，对水域、林地等物种栖息地的侵占已被严格禁止，但建设用地与交通用地的扩展使物种迁徙交流的隔离度更为强烈。所以，景观整体配置对动物扩散活动的作用是本书研究区域格局变化与动物运动的关键变量。

5. 关键变量因果关系情境化分析

对景观结构的反映和感知会改变物种的运动行为，这种反映和感知可以理解为物种通过该景观结构的适宜度或成本[217]。物种对不同土地利用类型的感知必然导致其通过不同土地类型所需要的成本不同。如物种穿越林地、草地比穿越建设用地及道路等更为容易。

研究借助最小费用模型来模拟分析土地利用变化对物种水平扩散的影响。首先以研究区域的白鹭为目标物种，以现场调研发现白鹭踪迹的地点为源数据，然后以 2000 年和 2016 年的土地利用现状图为成本数据，分别在 GIS 平台中得出白鹭水平扩散的成本距离图，最后将成本距离图转为矢量数据进行计算比较（图 4-16、图 4-17、表 4-8）。由表 4-8 可知，2016 年成本距离值小于 100000 的面积明显小于 2000 年。由此可见，2016 年与 2000 年相比，耕地、园地、林地、水域的面积减少，建设用地面积增加，其对于物种水平扩散的阻力也明显增加。

由 3.3 节分析可知，从 2000 年至 2016 年期间本书研究区域整体景观指数中聚集度指数下降、Shannon 多样性指数上升，说明研究区域 2000 年以来景观格局连接度降低、异质性增加。在城市化快速扩张的浪潮下，建设用地的增加、道路的切割会阻碍动物在不同栖息地之间的扩散活动（图 4-18）。

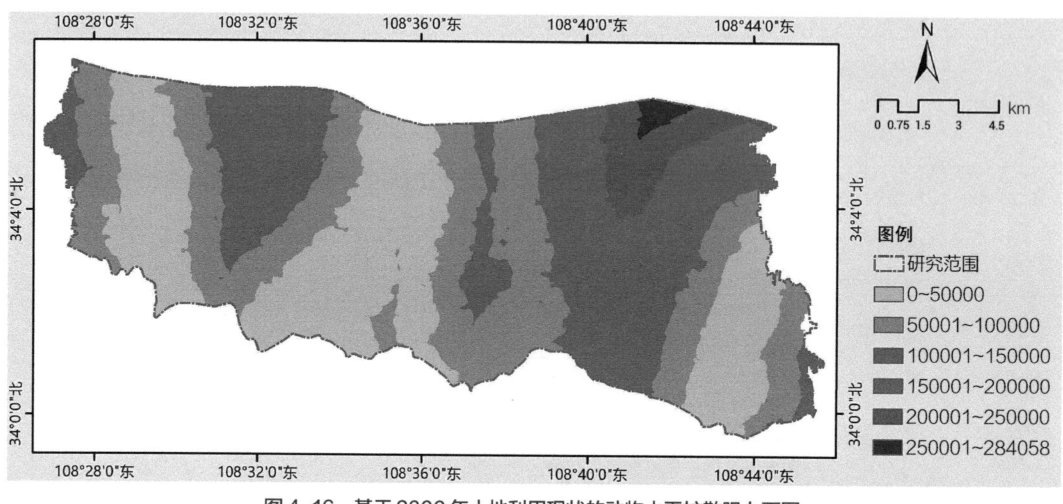

图 4-16　基于 2000 年土地利用现状的动物水平扩散阻力面图

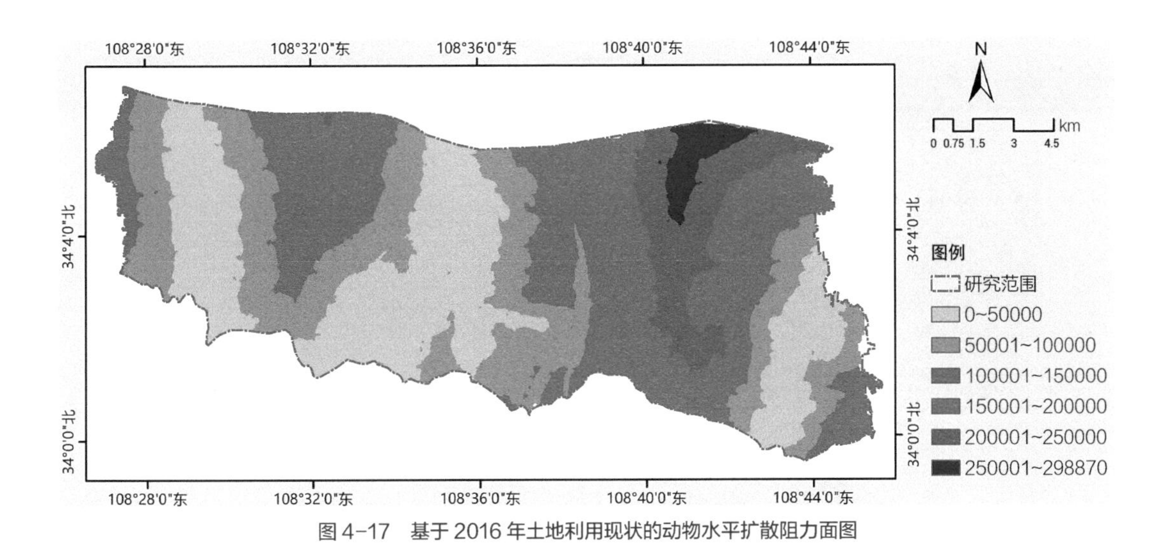

图 4-17 基于 2016 年土地利用现状的动物水平扩散阻力面图

基于不同土地利用现状的动物水平扩散成本距离比较 表 4-8

成本距离值	面积（hm²）	
	2000 年	2016 年
0~50000	7601	6736
50000~100000	7898	6455
100000~150000	5307	5424
150000~200000	2454	3363
200000~250000	1025	1948
> 250000	160	481

图 4-18 格局变化对动物水平扩散活动（“汇”空间过程）的影响

图 4-18　格局变化对动物水平扩散活动（“汇”空间过程）的影响（续）
注：格局变化与动物运动相互作用的关键变量分别为景观整体配置、动物水平扩散运动，
具体表现为景观整体配置变化（连接度降低、异质性增加）对动物水平扩散产生阻碍作用。

4.3　秦岭北麓鄠邑段自然过程之间相互作用关系分析

4.3.1　水文过程与养分迁移

1. 相关科学研究诠释

降雨和径流是土壤养分流失的动力，土壤是降雨和径流作用的界面，降雨、径流与土壤养分的相互作用过程是土壤养分流失之所以产生的关键所在[206]。①降雨与养分相互作用：土壤养分与降雨的相互作用表现为两种形式，其一，表层土壤养分在雨滴作用下，向雨水中释放或被雨滴溅蚀；其二，表层土壤养分特别是硝态氮随雨水在土壤中入渗[206]。②径流与养分相互作用：当降雨强度超过土壤下渗速度时产生径流并逐渐汇集，形成地表径流冲刷与沟蚀[206]。径流在坡面形成、汇集和传递，一方面与表层土壤发生作用，这种对土体的作用表现为浸堤和冲洗两种方式[206]。在这种作用中，土壤可溶性养分因径流浸堤而向径流扩散，土壤颗粒表面吸附的养分离子因径流的冲洗作用而解析。另一方面，随径流的形成，在径流沿坡面冲刷作用下，一些土壤颗粒被径流携带流出坡面[206]。

2. 地域化表征

化肥的使用量、使用方式、使用季节及农田灌溉等均是造成非点源污染的重要因素[219]。根据《户县统计年鉴（2016）》，2015 年使用氮肥 17724t（按折纯量计算），

2015 年耕地面积 37678hm^2。按单位面积耕地使用量计算，其氮肥的施用量分别达到了 470.4kg/hm^2。根据刘钦普（2017）[220] 的计算，陕西省 2014 年氮肥环境安全阈值为 106.1kg/hm^2，而户县的氮肥施用量是其 4.4 倍多。此外，据刘丽等（2005）[221] 统计，西安地区以耕地为主的总氮、总磷养分流失量每年为 13.80kg/hm^2 和 4.16kg/hm^2。

由于养分迁移受水流特性的影响，在降雨－径流作用下的养分时空迁移反映出本区域独特的水文地貌特征。在降雨－径流作用下流失的氮、磷养分，一部分随雨水直接下渗进入地下水，其他部分在随径流扩散的过程中下渗，在洪积扇扇缘区段又排出河道。所以，在洪积扇中上游区我们发现水质清澈，而在洪积扇扇缘地段水质突然变差（图 4-19）。

（a）

（b）

图 4-19　秦岭北麓鄠邑段山前洪积扇区河道水质变化

（a）洪积扇扇顶与扇中段河流水质清澈；（b）洪积扇扇缘段河流水质浑浊

3. 因果链分析

根据水文过程与养分过程相互作用的相关科学研究及地域化表征，二者相互作用关系的变量因果映射关系及诠释如表 4-9、图 4-20 所示。

水文过程与养分过程变量因果关系诠释　　表 4-9

<table>
<tr><th>水文过程相关变量</th><th>养分过程相关变量</th><th>变量因果关系诠释</th></tr>
<tr><td>降雨</td><td>土壤养分释放</td><td>表层土壤养分在雨滴作用下，向雨水中释放或被雨滴溅蚀（邵明安，张兴昌，2001）[206]。降雨强度越大，雨滴溅蚀作用越强（张洪江，2000）[222] 39-44</td></tr>
<tr><td rowspan="2">降雨下渗</td><td>溶质态下渗－土壤沉积</td><td rowspan="2">降雨初期的雨滴打击作用使土壤表层溶质与雨水混合，当土壤入渗能力大于雨强时，雨水全部入渗，土壤表层一部分溶质随入渗水分向下层迁移（王全九等，1999）[223]。降雨入渗量越大，养分淋失量越大（李世清，李生秀，2000）[224]</td></tr>
<tr><td>溶质态下渗－进入地下水</td></tr>
<tr><td>地表径流</td><td>进入地表径流扩散</td><td>农田暴雨径流氮养分的流失量与累积径流量成正相关（黄满湘等，2001）[225]，地表径流量越大，养分流失量越高（李恒鹏等，2008）[209]</td></tr>
<tr><td>地下径流／扇缘地下水溢流</td><td>溶质随地下径流迁移／养分随地下水在扇缘溢流</td><td>地下径流的养分主要来自上部土体养分的淋溶，淋溶作用越强其地下径流越大，养分流失也越多（李新虎等，2010）[226]</td></tr>
</table>

资料来源：根据表中相关文献绘制。

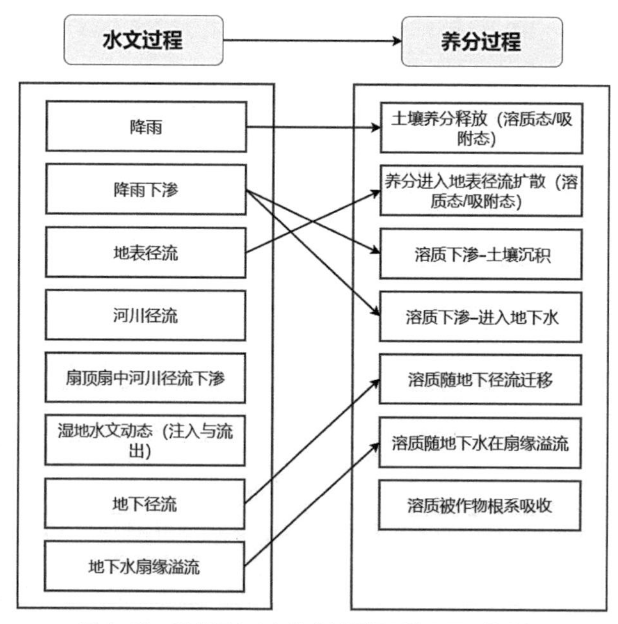

图4-20　研究区水文与养分过程相互作用因果链分析

4. 关键变量识别

由 4.2 节分析可知，土壤氮磷养分随地表径流向水体迁移是农田养分损失的主要途径，所以，养分随地表径流扩散是水文过程与养分迁移相互作用的关键变量。水分既是养分溶解质的溶剂和载体，也是溶解质随水分运动的驱动者，地表径流对养分迁移的影响贯穿其整个源汇过程。

5. 关键变量因果关系情境化分析

农田暴雨径流氮养分的流失量与累积径流量成正相关 [225]，地表径流量越大，养分流失量越高 [209]。如图 4-21 所示，径流量越大，对耕地、园地（“源”）地表土壤冲刷作用越强，土壤养分流失量越大；植被斑块（“汇”）对地表径流有不同程度的削减作用，降雨量与径流削减率非单一的线性关系，当降雨量大于一定值时，植被对地表径流系数削减率随降雨量增加而降低 [227]。

4.3.2　水文过程与动物运动

1. 相关科学研究诠释

由于河流、湿地、池塘等是鸟类、两栖类、底栖动物等物种的重要栖息地，水文情

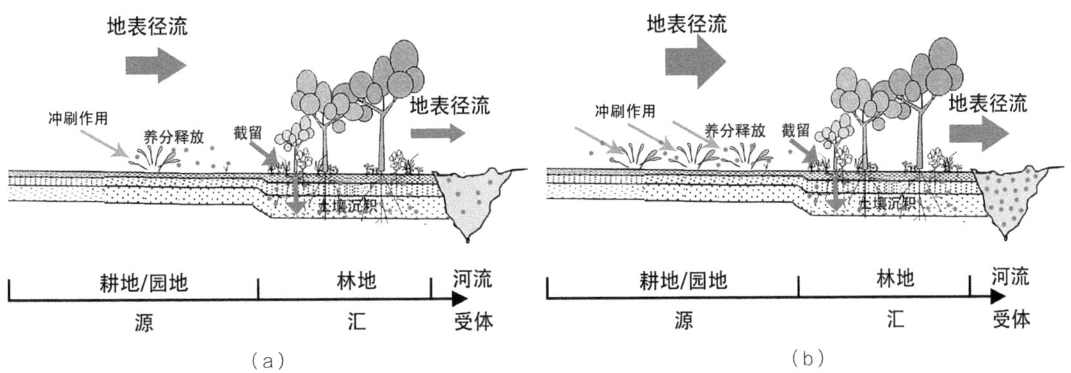

图 4-21 地表径流量变化对养分流失量（“源”“汇”空间过程）的影响
（a）低径流量下水文 - 养分相互作用；（b）高径流量下水文 - 养分相互作用
注：水文过程与养分迁移相互作用的关键变量分别为地表径流、养分 - 径流迁移过程，
具体表现为地表径流增大对径流中养分流失量（“源”“汇”空间过程）产生促进作用。
（资料来源：改绘，底图来自参考文献 [186]）

势变化（即水量丰枯变化）会对物种栖息地活动产生重要的影响。水文过程通过水流运动塑造了主河道、洪泛滩区、湿地及地下水之间不同程度和性质的水文连通性，这些连通的水文空间由水体储存系统变成了水体传输系统，通过物质和能量交换为不同的物种提供繁衍、觅食、栖息、避难等场所 [228]。河流年内周期性的丰枯变化，造成河流 - 河漫滩系统呈现干涸 - 枯水 - 涨水 - 侧向漫溢 - 河滩淹没这种时空变化的特征，形成了丰富的栖息地类型 [195]35。

2. 地域化表征

栖息于秦岭北麓山前洪积扇区河道、坑塘湿地等生境的水禽以涉禽为主，如白鹭、灰头麦鸡。行为形态学研究发现由于涉禽形态特征和生活习性决定了其不能在过深的水域取食和栖息，涉禽在生活史的大部分时间内偏好利用不超过其胫部涉水活动的水位环境 [229, 230]。秦岭北麓鄠邑段河道径流为涉禽塑造大量的微生境结构，如浅水洼地、小型水塘、砾石滩、小型岛屿等（图 4-22）。这些微生境结构可以为涉禽提供食物资源，如鱼苗、泥鳅、青蛙、蚯蚓、鞘翅目及鳞翅目昆虫等。此外，这些河流、湿地可以为鸟类扩散活动提供生物通道及踏脚石。

3. 因果链分析

根据水文过程与动物运动相互作用的相关科学研究及地域化表征，二者相互作用关系的变量因果映射关系及诠释如图 4-23、表 4-10 所示。

图 4-22　秦岭北麓鄠邑段山前洪积扇区白鹭的不同生境类型
(a) 浅滩生境；(b) 砾石滩生境；(c) 沼泽生境

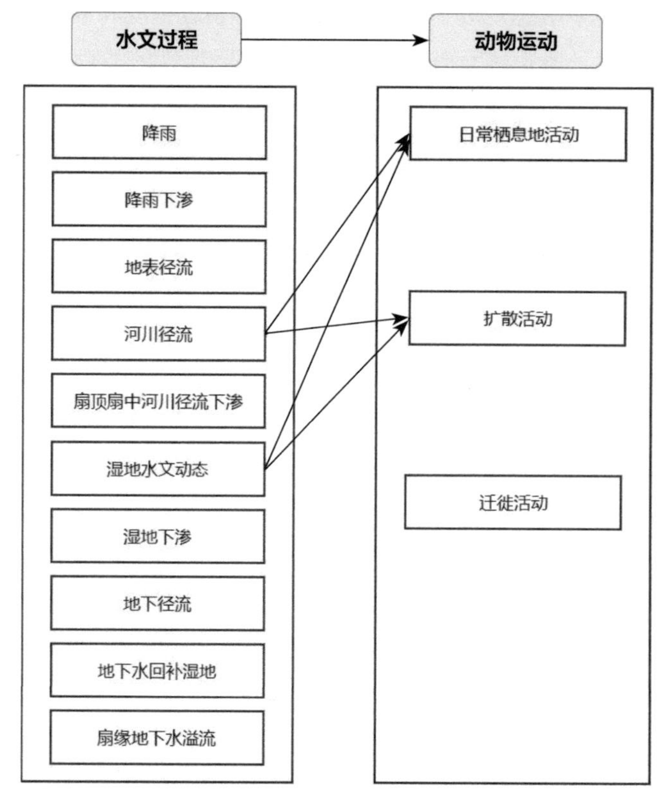

图 4-23　研究区水文过程与动物运动相互作用因果链分析

水文过程与动物运动变量因果关系诠释　　表 4-10

水文过程相关变量	动物运动相关变量	变量因果关系诠释
河川径流	日常栖息地活动	河道既是大部分动物维持生命的水源地，又是鸟类、底栖类、鱼类动物等的栖息地，河川径流量变化会直接改变各类动物栖息地的生境条件。河流流量减小，导致水文连接度降低，营养物质和水生物种的迁移、繁殖被抑制，进而导致生物多样性降低（丰华丽等，2007）[231]
	扩散活动	物质、能量及生物以水体为载体在河道中流动。河流流量减小或断流，会阻断野生动物沿河扩散（杜强等，2005）[232]
湿地水文动态	日常栖息地活动	湿地补水量减少，水文连接度下降，引起湿地由四周向中心退缩，造成一些生物生境衰退和消失（陈敏建等，2008）[233]
	扩散活动	湿地可以作为动物水平扩散过程中的踏脚石，湿地斑块消失会降低不同生境之间的连通度

资料来源：根据表中相关文献绘制。

4. 关键变量识别

由于本书研究区域生境破碎化严重，各峪道、坑塘湿地处于孤岛化状态，为动物扩散活动提供生物通道或踏脚石的作用有限，所以，河川径流／坑塘湿地蓄水过程与动物巢域活动是本区域水文过程与动物活动相互作用的关键变量。鄠邑区河流径流时空分布不均匀，冬季 11 月至次年 2 月，径流量占总流量的 9.9%，并时有断流现象，而 7—10 月汛期径流量占全年总量的 54.8%（图 4-24）。季节性水位变化导致涉禽的栖息环境随水位高程涨落而发生动态变化，进而影响其空间分布格局。

（a）

（b）

（c）

图 4-24　秦岭北麓鄠邑段山前洪积扇区部分河道断流现状
（a）甘河，季节性断流；（b）新河（潭河），常年断流；（c）紫阁峪河，常年断流

5. 关键变量因果关系情境化分析

随着河道内的水位下降，浅滩和湿地断流或非常缓慢地流动，会导致径向养料输送的中断，水池中底栖类物种所需的营养物质水平可能会降低，藻类等适合静水环境的生物可能大量出现，并引起夜间脱氧反应。当河流干涸时，无脊椎动物和鱼类可能会在水塘里集中起来，导致类似掠食和竞争相互作用的强度增加。水塘里积累的残屑、较高的温度、高浓度的 DOM 和低氧含量环境会严重挤压鱼类及无脊椎动物的生存环境。鱼类和无脊椎动物的死亡会导致鸟类的食物资源减少，进而影响鸟类的生存空间（图 4-25）。

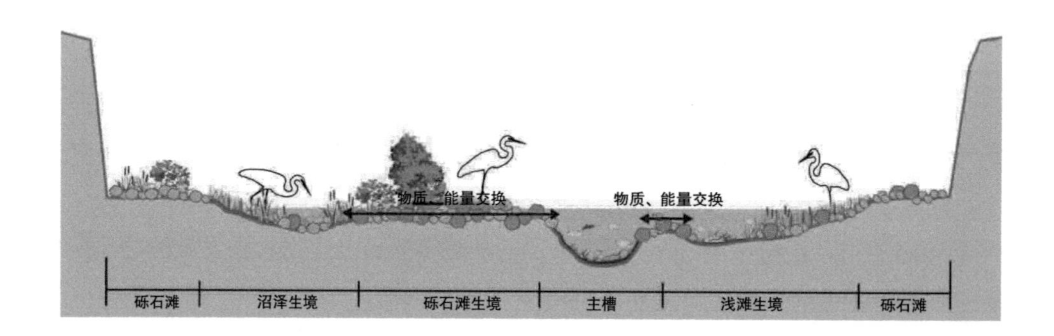

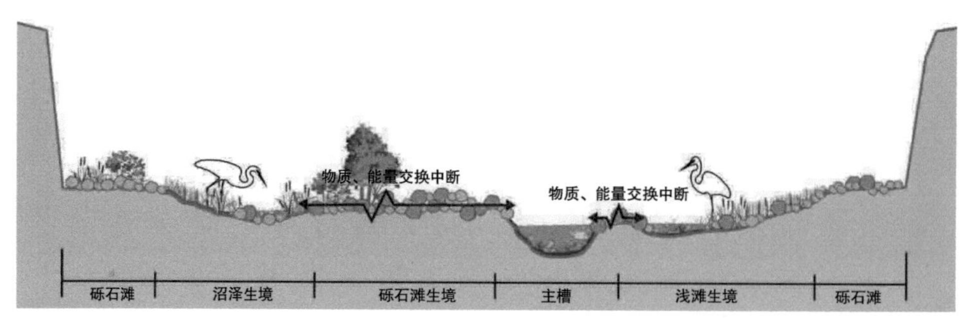

图4-25　研究区域河道径流量变化对涉禽栖息地活动（“源”空间过程）的影响

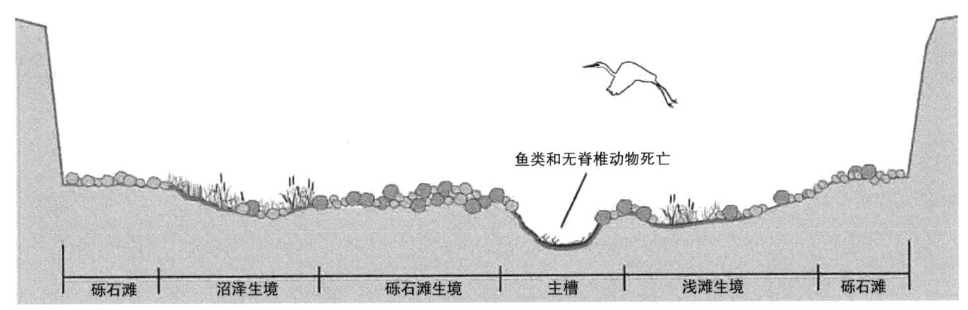

图 4-25　研究区域河道径流量变化对涉禽栖息地活动（“源”空间过程）的影响（续）
注：水文过程与动物运动相互作用的关键变量分别为河川径流、动物栖息地活动，
具体表现为河川径流量减小对动物栖息地活动（“源”空间过程）产生阻碍作用。

秦岭北麓鄠邑段山前洪积扇主要河流均被渠化，河道两侧的洪泛滩区、湿地被农田围垦、防洪、人居建设项目等侵占，导致山前河道洪水脉冲效应缺乏实现的地貌学基础。当发生洪水时，沼泽、浅滩等生境被淹没水下，生境结构单一，涉禽缺乏食物资源，物种丰富度最低。但鄠邑段山前洪积扇众多河道被渠化后，洪水被快速排向下游，洪水对河道生态系统影响持续时间较短。

4.4　秦岭北麓鄠邑段多过程与景观格局相互作用机制分析

4.4.1　多过程之间相互作用机制

在秦岭北麓鄠邑段山前洪积扇多个过程相互作用系统中，不同的景观过程在多过程相互作用系统中的作用不同。由图 4-26 可以看出，研究区域不同景观过程之间存在复杂的因果反馈关系：①景观格局变化与水文过程是相互作用系统的主导驱动过程；②景观格局变化引发水文、养分、动物等自然过程变化；③由于研究区域特殊的水文地质结构，水文过程在相互作用系统中扮演着双重角色。一方面，水文过程是导致其他自然过程变化的主导驱动过程；另一方面，水文过程又是随景观格局变化的被动响应过程。

需要注意的是，在本书研究的时间尺度内，水文过程、动物运动及养分迁移过程并未对景观格局变化产生影响，其原因在于各类景观过程往往在不同时间尺度上显示出不同的重要性。景观过程对格局变化的影响具有时间尺度性。在较短的时间尺度上，自然因子相对稳定，具有累积效应，而人文因子则相对活跃[234]。大量的案例研究表明：生物物理方面的驱动力对区域性的土地利用 / 覆被变化的影响在一个较短时间内是不显著的[235]。

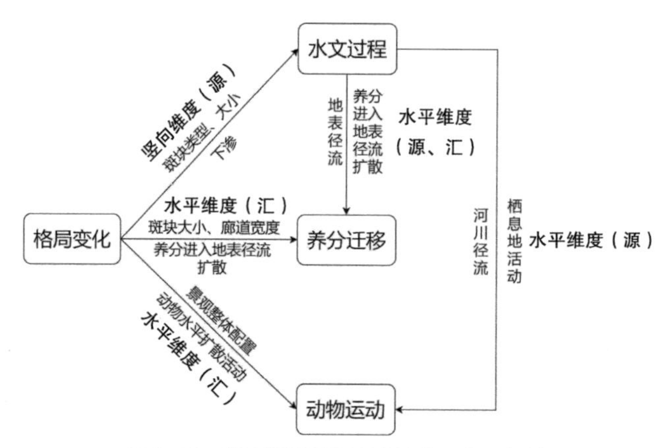

图4-26　秦岭北麓鄠邑段多过程相互作用机制

4.4.2　格局与多过程之间相互作用机制

1. 格局与多过程相互作用的内在机制

从系统的内在机制来看，只要有流动存在，就一定存在驱动其流动的势（驱动力）和阻止其流动的阻（阻力）[236]。所以，景观流过程可以认为是物质在扩散、重力或运动的驱动力作用下，克服其载体（空间格局）的阻力而进行的耗散性流动过程。景观空间格局促进或阻碍景观流过程的程度反映景观过程的连续性。维持景观流过程的连续性是过程在空间格局中是否有序、健康运行的重要标志。

根据“源”“汇”景观理论，景观流过程也可以理解为由“源”景观促进或发生的“流”，通过克服“汇”景观的空间阻力而到达“受体”景观的历时性流动过程（图4-27）[143]。“汇”景观要素的面积、形状、配置及类型的改变，都会引起景观流的

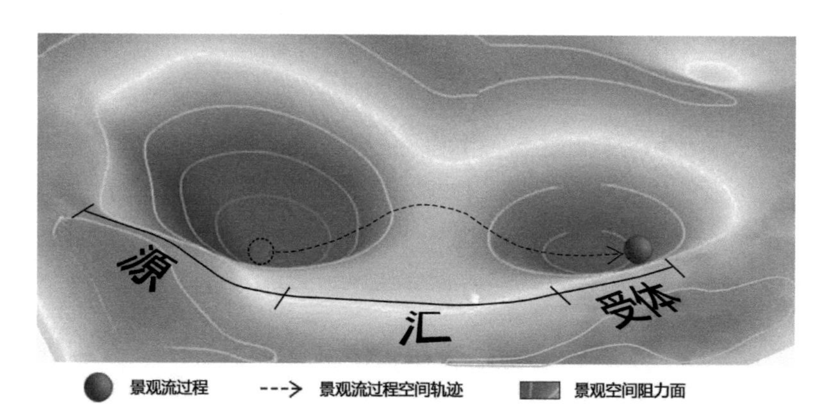

图4-27　景观格局中的单一景观流过程
（资料来源：改绘，底图来自 WALKER B，SALT D. Resilience thinking：sustaining ecosystems and people in a changing world[M]. Washington：Island Press，2012：55）

量、度或趋势发生变化[143]。所以，景观过程有序、健康恢复的关键在于“汇”景观的修复或优化。

在秦岭北麓鄠邑段现实景观中，养分迁移及动物运动在景观空间格局中的流动不仅受“汇”景观要素的控制，同时还受水文过程的驱动影响（图 4-28）。由于水文过程与养分迁移及动物运动之间存在因果关系，所以，水文过程的合理运行是维持养分迁移及动物运动健康有序进行的前提。

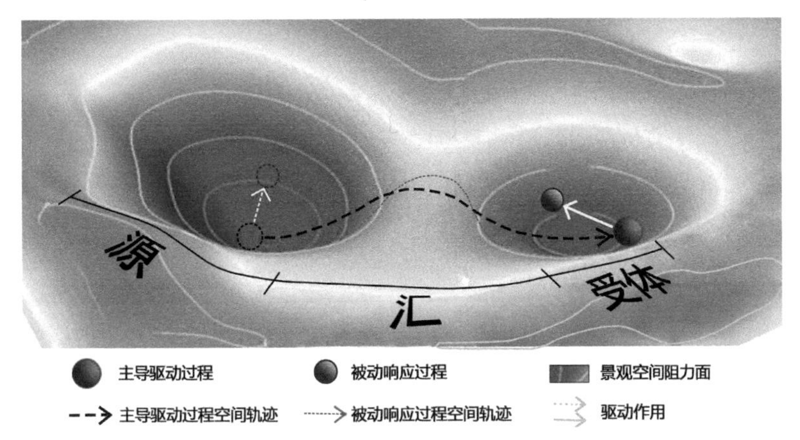

图 4-28　多个景观流过程在景观格局中的相互作用机制
（资料来源：改绘，底图来自 WALKER B，SALT D. Resilience thinking：sustaining ecosystems and people in a changing world[M]. Washington：Island Press，2012：55）

2. 格局与多过程相互作用的外在行为

从系统外在行为来看，格局与过程相互作用表现为对相关生命系统的生存和发展提供支撑，即景观功能（Landscape Function）[21]。系统的功能是系统各要素之间活动关系的总体[22]，景观功能可以看作是各种流与空间要素相互作用的集合（图 4-29）[206]。所以，系统的某一功能受损，则说明其集合中某一对或多对景观流与要素相互作用的关系失调[206]。

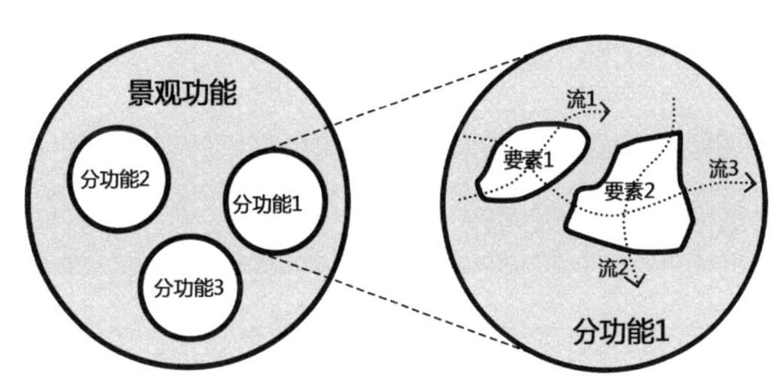

图4-29　景观流过程与景观功能的嵌套关系

当景观功能可以被人类价值取向所衡量时，“功能”就可以转化为“服务”[38]。由景观格局与生态过程相互作用所表现出的各类功能，为人类提供了一系列能被人类所衡量的生态系统产品与服务[237]。例如，河漫滩及两岸植被高地与汛期河川径流过程相互作用表现为水文调节功能，为人类提供的产品与服务体现为：防洪安全。一个商品或服务的使用可以提供效益（如营养、健康、愉悦感等），反过来，这些效益也可以被经济学术语和货币来衡量，这些效益对人类表现出的价值包括生态价值、社会价值和经济价值。对此，Haines-Young 和 Potschin 提出了服务级联模型（Service Cascades），模型中生态系统服务作为一个重要纽带，可以将生态系统和人类福祉有效连接起来[238]，生态系统服务的概念也因跨越生态学和经济学的鸿沟并把自然与社会衔接起来而被广泛应用[239]。

河流、林地、耕地等生态系统（景观要素）是提供服务的基础，服务产生于生态系统的组分、过程和功能及它们之间的相互作用；生态系统服务满足人类需求并为人类福祉作出贡献，是人类生存和发展的基础[240]；人类需求是人类活动过程的组织与行为的驱动力，收益与价值直接影响着人类利用土地的行为，进而导致景观格局的改变（图 4-30）。所以，“自然过程 - 景观格局 - 人文过程”三者之间的相互作用关系，本质上是以一种因果链条的传递方式存在。

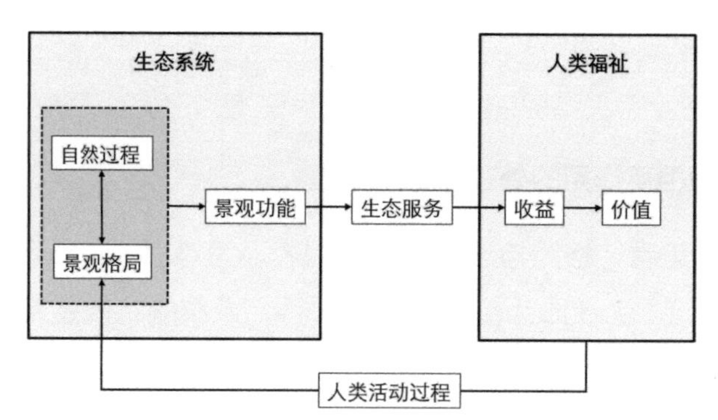

图 4-30 “格局 - 过程 - 功能”因果反馈关系分析框架

（资料来源：根据Haines-Young和Potschin[238]、de Groot和Alkemade等[241]以及李琰、李双成等[240]工作改绘）

4.4.3 “格局 - 过程 - 功能”因果链条

1. 河流廊道的“格局 - 过程 - 功能”因果链条

1）河流廊道的结构组成与景观过程

Ward（1989）从河流生态学角度出发，在较大的时空尺度上提出了河流四维结构模型[242]。如图 4-31 所示，河流廊道四维连通结构模型是指在不同的时空尺度上分别从纵向（上游 - 下游）、横向（主河道 - 洪泛区 - 高地）、竖向（河道 - 基地）三个空间维

图 4-31 河流四维连续体结构模型
（资料来源：改绘自参考文献 [244]）

度及时间维度研究河流廊道系统 [243]：

（1）沿纵断面方向，河流常表现为交替出现的浅滩、深潭。浅滩增加水流的紊动，促进河水充氧，其底层是很多水生无脊椎动物的主要栖息地和鱼类觅食、休憩的场所；深潭是鱼类的保护区和缓慢释放到河流中有机物的储存区；沿纵断面方向，河岸洪泛滩区常表现为随着基底的更迭、沿程所受影响的改变而呈现连续变化的景观 [206]。

（2）沿横断面方向，河流廊道一般由三部分组成：河道、洪泛滩区、岸边高地过渡带。后两者可统归为水陆交错带。洪泛滩区是河岸洪水周期性泛滥的区域，具有蓄滞洪水，保持由洪水脉冲效应带来的物质、能量、信息流的作用 [206]。因而河道与洪泛滩区的连通极为重要。岸边高地过渡带是洪泛滩区和外围景观的过渡 [206]。

（3）沿竖向，河流可分为水面、水中、底质。对于许多动物而言，底质起着支持底栖生物、屏蔽穴居生物、为水生植物提供固着点和营养来源等作用。底质的结构、组成物质的稳定程度及其含有营养物质的性质和数量、与地表以下的连通程度等，都直接影响着水生生物的分布 [206]。水陆交错带的植被层次沿竖向可分为草被层、灌木层、乔木层 [206]。

（4）随着河流廊道的时序变化，气候、地貌、能量等非生命因子与生物发生着不同的相互作用；廊道生态系统在纵向、横向、竖向的状态也随之变化 [206]。

2）河流廊道景观功能及提供的景观服务

河流廊道主要发生四种重要的动力过程：①水文过程（Hydrologic Flows）；②颗粒物质流过程（Particle Flows）；③动物活动过程（Animal Activities）；④人类活动过

程（Human Activities）[244]216，但并非每一种结构都发生所有的景观过程。该四种过程与河流廊道相互作用产生如表 4-11 所示的功能或服务。

河流廊道“格局 – 过程 – 功能”因果链条　　表 4-11

景观结构 / 组分	景观过程	景观功能	景观服务
纵向结构：主河道（上游 – 中游 – 下游）	河川径流过程（常水期）	水文调节	水源供给
横向结构：河道 – 河漫滩 – 高地植被带	河川径流过程（洪水期）	洪水调节	防洪安全
	养分随地表径流扩散过程	养分过滤	土壤保持与水质净化
	动物栖息地活动、扩散活动	提供栖息地及迁徙通道	生物多样性维持
竖向结构：水面 – 水中 – 底质	河流下渗过程	地下水补给	水资源补给

2. 耕地（含园地）基质的“格局 – 过程 – 功能”因果链条

1）耕地基质的结构与景观过程

耕地生态系统是指以农田作为生物成分组成的生态系统，是一种半自然 – 人工复合生态系统[245]。云正明（1985）认为农田生态系统不仅包括平面和立面的分布，也包括时间上的分布和食物链的组成，还可以分“平面结构”“垂直结构”“时间结构”和“食物链结构”四种结构类型[246]。根据研究区域特征及格局与过程的关系，本文主要针对“平面结构”与“垂直结构”的生态服务进行研究。

“平面结构”，即农田 – 农田缓冲带。如图 4-32 所示，农田缓冲带包括农田边界、防护林、道路、引排水渠、田埂等要素[247，248]。研究表明，农田缓冲带对于水土保持、提升农田的生物多样性以及病虫害控制具有显著的作用。“垂直结构”，即作物 – 土壤。

2）耕地基质的景观功能及提供的服务

耕地生态系统既为人类社会提供了生存所需食物以及多项生态系统服务，同时农业生产过程中还对人类社会和自然环境产生了各种消极影响[249]。如图 4-33 所示，Zhang 和 Ricketts 等（2007）认为，农田生态系统除为人类社会提供粮食和纤维、水供给、土壤保持以及美学景观等有益服务（Service）之外，还可能产生栖息地丧失、养分流失、物种丧失等负服务（dis-service）[250]。

本文基于伊飞等（2006）[251]、Zhang 和 Ricketts 等（2007）[250]、谢高地等（2003）[249]、张宏锋等（2009）[252]、叶延琼等（2012）[253] 关于农田生态系统的服务与负服务研究，结合研究区域耕地生态系统的实际情况，选取的相关服务指标如表 4-12 所示。

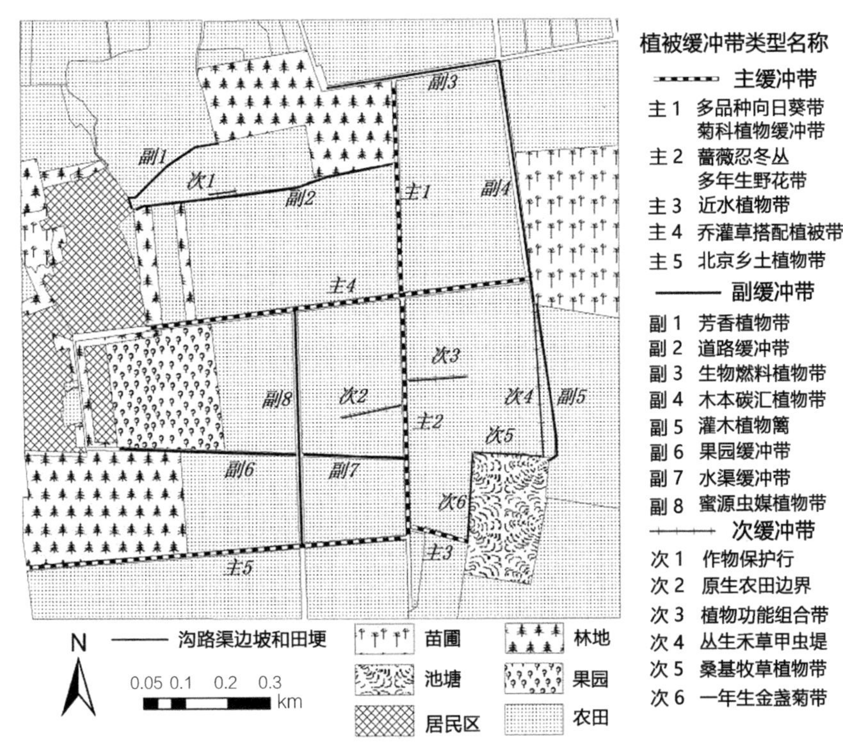

图 4-32 典型农田景观水平结构
（资料来源：引自参考文献 [249]）

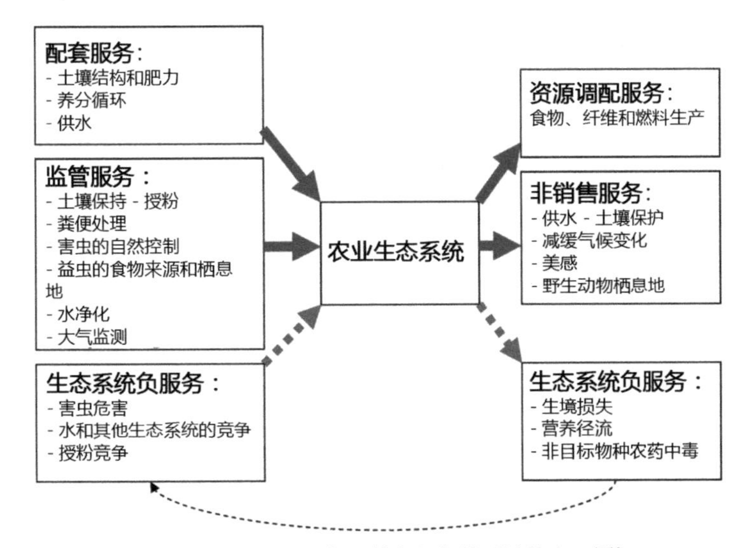

图 4-33 农田生态系统产生的负服务
（资料来源：改绘自参考文献 [251]）

耕地基质“格局－过程－功能”因果链条 **表 4-12**

<table>
<tr><th>景观结构</th><th colspan="2">景观过程</th><th>景观功能</th><th>景观服务</th></tr>
<tr><td rowspan="2">“平面结构”：农田－农田缓冲带</td><td colspan="2">养分随地表径流扩散</td><td>控制土壤侵蚀与养分拦截</td><td>土壤保持与养分循环</td></tr>
<tr><td colspan="2">动物栖息地活动、扩散活动</td><td>提供栖息地</td><td>生物多样性维持</td></tr>
<tr><td rowspan="4">“垂直结构”：作物－土壤</td><td rowspan="2">养分淋失过程</td><td>施肥过程</td><td>土壤、地下水污染</td><td>化肥污染</td></tr>
<tr><td>施农药过程</td><td>农药随地表径流下渗或流入河道</td><td>农药污染</td></tr>
<tr><td colspan="2">农业灌溉过程</td><td>水分的吸收、下渗、蒸发</td><td>水资源消耗</td></tr>
<tr><td colspan="2">降雨入渗</td><td>地下水补给</td><td>水资源补给</td></tr>
</table>

3. 林地斑块的“格局－过程－功能”矩阵构建

鄠邑区平原的原始植被已被农作物为主的人工植被、道路、房舍取代，现阶段栽植树种有防护林、用材树、经济林木、绿化景观树四大类①。由于树种种类单一，林地群落结构也较为简单，一般均为“乔木＋灌木＋草本”三层或“乔木/灌木＋草本”两层。

根据林地的结构与生态过程，结合肖寒等（2000）、欧阳志云和李文华（2002）[254]1-27、周晓峰和张洪军（2002）[254]34-66 关于林地景观功能的研究，提出本书研究区域的林地斑块“格局－过程－功能”因果链条（表 4-13）。

林地斑块“格局－过程－功能”因果链条 **表 4-13**

景观结构	景观过程	景观功能	景观服务
水平结构：林地内部－边界	地表径流养分随地表径流扩散过程	减少径流、固定土壤，防止土壤侵蚀	土壤保持
	动物栖息与迁徙过程	生境的提供	维持生物多样性
垂直结构：乔－灌－地被－土壤	降雨下渗	雨水截留与吸收	涵养水源

4.5 本章小结

本章旨在揭示秦岭北麓鄠邑段多过程相互作用机制，分别从景观过程空间、格局变化与自然过程相互作用关系、自然过程与自然之间相互作用关系、多过程与景观格局相互作用机制层级展开分析。

首先，从地表维度、竖向维度及纵向维度分析了水文过程、养分迁移、动物运动的

① 《户县志（2013）》。

空间过程。分别对水文过程水平维度（河川径流与地表径流）、竖向维度（下渗）、纵向维度（地下水运动），养分水平维度（养分－地表径流扩散）、竖向维度（土壤养分淋失过程）、纵向维度（养分随地下水运动），动物水平维度的“源”“汇”“受体”进行空间分析。

其次，应用情景化变量因果关系研究法分析了秦岭北麓鄠邑段格局变化、水文过程、养分迁移及动物运动两两之间的相互作用关系。格局变化与水文调节相互作用的关键变量分别为斑块的类型和大小、降水下渗过程，因果关系体现为斑块类型、大小的变化对降水下渗的“源”空间过程产生阻碍作用；格局变化与养分迁移相互作用的关键变量分别为林地面积、养分－径流扩散过程，具体表现为林地斑块面积减小对养分－径流扩散的“汇”空间过程起到促进作用；格局变化与动物运动相互作用的关键变量分别为景观整体配置、动物水平扩散，具体表现为景观整体配置变化对动物水平扩散产生阻碍作用；水文过程与养分迁移相互作用的关键变量分别为地表径流、养分－径流迁移过程，具体表现为地表径流增大对径流中养分流失产生促进作用；水文调节与动物运动相互作用的关键变量分别为河川径流、动物栖息地活动，具体表现为河川径流量减少对动物栖息地活动（“源”空间过程）产生阻碍作用。

最后，基于两两过程之间相互作用关系的分析，提出秦岭北麓鄠邑段多过程相互作用机制及多过程与景观格局相互作用机制。研究区域不同景观过程之间作用关系具体表现为：①景观格局变化与水文过程是相互作用系统的主导驱动过程；②景观格局变化引发水文、养分、动物等自然过程变化；③水文过程既是导致其他自然过程变化的主导驱动过程，也是随景观格局变化的被动响应过程。在秦岭北麓鄠邑段现实景观中，养分迁移及动物运动在景观空间格局中不仅需要克服其载体的阻力而进行耗散性的流动，同时还受水文过程的驱动影响；格局与多过程相互作用的外在行为表现为各类景观功能，河流廊道、耕地、林地等景观要素存在着“格局－过程－功能”的因果链条。

5 基于多过程相互作用机制的秦岭北麓鄠邑段景观格局优化

人类对空间格局规划和管理的主要目的是通过调整优化空间要素的面积、形状、类型和配置等，提高景观连通性，使景观过程在空间要素间和谐、有序进行，以改善受胁受损的景观功能，实现区域可持续发展[206]。根据多个景观过程之间的相互作用机制可知，实现该目的的关键是根据功能评价找出需要修复的景观过程，然后恢复其关键过程变量的“源”景观或“汇”景观连通性。

本章将基于多过程相互作用机制对秦岭北麓鄠邑段进行景观格局优化研究。首先对现状景观功能进行评价，识别出各类自然过程中相关的关键变量并进行空间分析，然后通过景观格局优化实现各关键过程变量的连通性，进而提升和恢复受损的景观功能（图 5-1）。

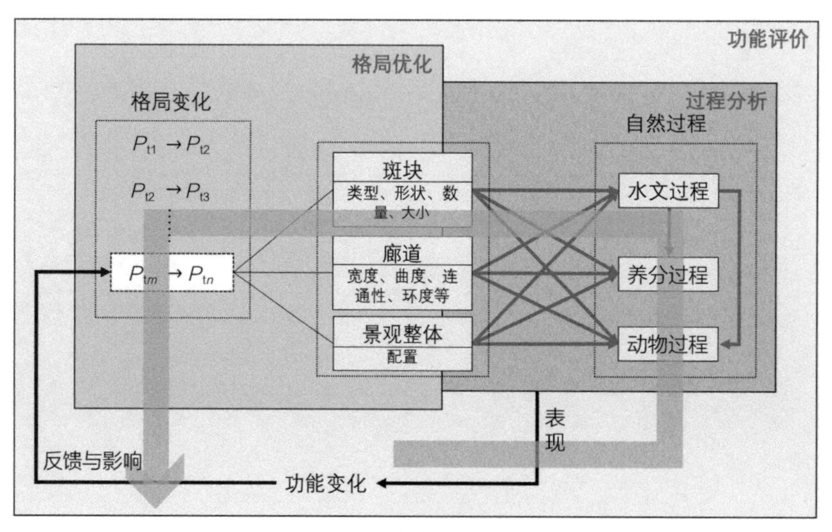

图 5-1　本章研究框架

5.1　基于多过程相互作用机制的景观格局优化方法

5.1.1　景观格局优化方法

根据第 4 章研究的多过程相互作用机制，景观格局优化内容主要包括三大板块：功能评价、过程分析、格局优化。功能评价，即景观功能评价，主要目的是现状问题指认；过程分析主要是通过多过程相互作用机制识别并分析主导驱动过程、被动响应过程的关键变量；格局优化主要是基于不同过程的关键变量分析，进行空间要素的调整与优化而实现生态服务功能的提升。

1. 功能评价板块

景观功能评价方法借鉴成熟的生态系统服务功能评价方法，既有生态服务功能评价方法主要有两大类：物质量评价方法与价值量评价方法[254]28-33。其中，物质量评价方法是从物质量的角度对生态系统提供的服务进行整体评价，不受服务价格因素的影响，能够客观反映生态系统的结构、功能及生态过程，进而反映生态系统服务的可持续性[255]。生态系统的结构、格局及其承载的过程不同，其提供的生态系统服务也不同[256]。基于“格局－过程－功能”因果链，本书采取物质量评价方法对秦岭北麓鄠邑段河流廊道、林地、园地、耕地等景观要素的景观功能进行评价。

2. 过程分析板块

多过程相互作用系统采取定性与定量相结合的分析方法。对多过程相互作用系统进行定性分析，确定不同景观过程在系统中的作用；在具体涉及关键变量分析时，多采取模型进行定量分析。自然过程（景观流）涵盖不同学科，其分析模型也不尽相同，如分析物种运动的最小阻力面模型、个体行为模型等，分析地表径流的 STORM、SWMM 模型等，分析养分迁移的 NPS 模型、“源－汇”模型等。但过程分析的最终目标是为了指导空间格局优化，所以过程分析所选取的分析模型必须反映出过程与空间格局的关系。

3. 格局优化板块

不同景观过程的格局优化方法不同。动物过程的景观格局优化具有较为固定的研究范式，即“分析区域景观格局指标及景观生态问题—识别生态源地—分配景观单元阻力值—生成景观累积阻力面—构建生态廊道与生态节点—判断生态功能冲突区域—提出区域景观生态格局优化综合方案”[18]。

由于景观过程之间存在因果关联，不同景观过程在其格局优化时所基于的输入格局并不相同（图 5-2）。主导驱动过程是在现状景观格局的基础上进行分析和优化的；而被动响应过程则是基于主导驱动过程优化后的格局进行分析和优化。这种景观格局优化中的因果先后次序，也正是本书的格局优化方法异于传统基于单一过程的格局优化方法的根本所在。

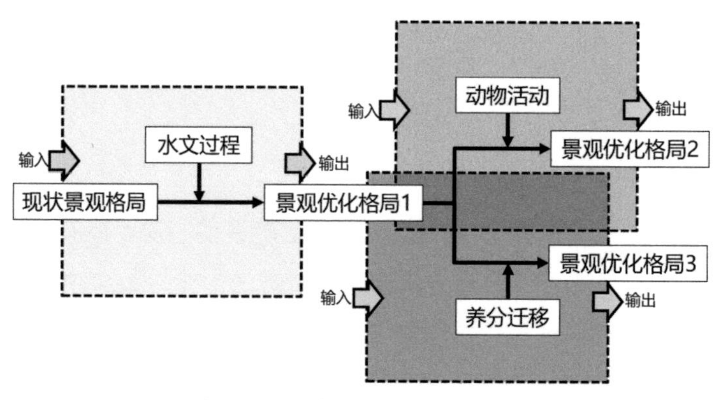

图5-2　景观格局优化中的因果次序

5.1.2　景观格局优化程序

根据功能评价、过程分析及格局优化的方法，可以得出景观格局优化的四大步骤：步骤 1：景观功能评价；步骤 2：多过程相互作用系统分析；步骤 3：主导驱动过程关键变量分析及格局优化；步骤 4：被动响应过程关键变量分析及格局优化（图 5-3）。各步骤具体内容如下：

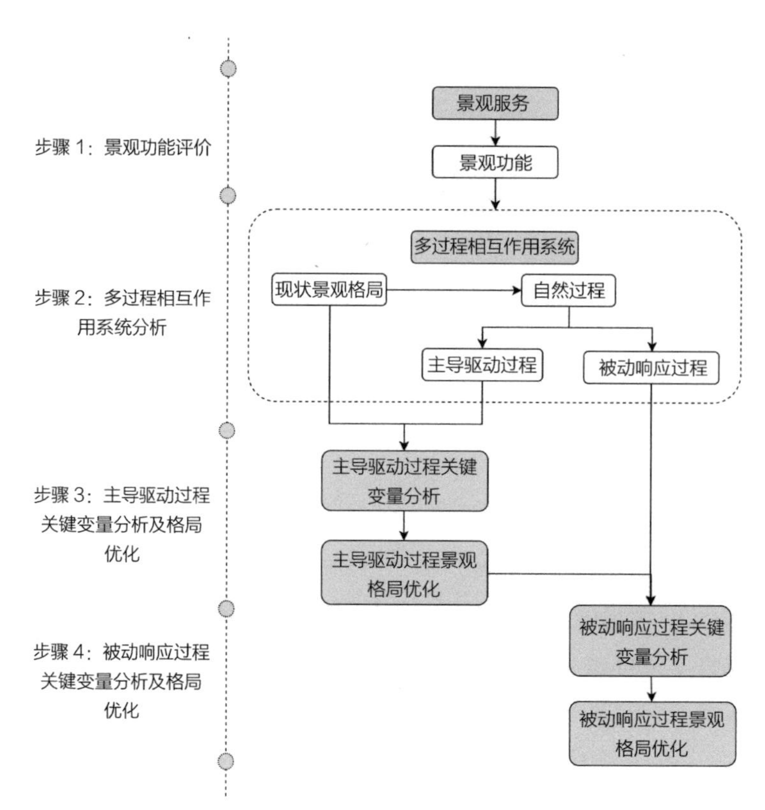

图5-3　基于多过程相互作用机制的景观格局优化流程

步骤 1：景观功能评价。针对研究区域景观服务功能评价采取层次分析法（AHP）。首先，在 4.4 节所构建的“格局 - 过程 - 功能”因果链基础上，参考相关文献及资料建立评价指标体系。其次，针对指标的重要性进行专家问卷调查，在 Yaahp 软件中绘制层次模型，在软件中进行权重判断矩阵生成、一致性比较及指标权重计算等步骤，确定各评价指标的权重。然后，采取 5 分制划定评价指标分级标准，评价标准参考国家标准、科学研究成果、指标原生态值等。最后，根据评价分值标准确定研究区域现状值，并结合指标权重计算评价指数。

步骤 2：多过程相互作用系统分析。首先，根据景观功能评价结果，确定哪些过程受损。其次，明确受损生态过程在多过程相互作用系统中的作用，即是主导驱动过程还是被动响应过程。最后，对受损过程的关键变量展开分析。在本书中，主导驱动过程及被动响应过程已被确定，所以，本阶段分析的核心是确定过程的关键变量[206]。

步骤 3：主导驱动过程关键变量分析及格局优化。该阶段首先分析所选取主导驱动过程中的关键变量如何在现状景观格局上运行，其在“可达到的最佳状态”时所对应的“源”景观、“汇”景观、“受体”景观分别是什么？然后根据关键变量分析的结果，通过对现状格局中“汇”景观的面积、形状、类型、配置等进行优化，以提升或降低“汇”景观的空间连通性而使过程和谐、有序地进行。

步骤 4：被动响应过程关键变量分析及格局优化。主导驱动过程优化后的景观格局是该阶段关键变量分析及格局优化的前提，即首先需要分析被动响应过程中的关键变量如何在已优化后的格局上运行，然后再进行“汇”景观优化。

5.2 景观功能评价

5.2.1 景观功能评价指标体系构建

根据 4.4 节构建的“格局 - 过程 - 功能”因果链条，并参考相关文献，建立秦岭北麓鄠邑段河流廊道、耕地（含园地）基质、林地斑块的功能评价指标体系，如表 5-1~表 5-4 所示。

在《户县林地保护利用规划（2010—2020 年）》中，本书研究区域属于“北部农田防护林区”，故通过农田防护林的林地防护来计算林地的防风固沙功能。

河流廊道的功能评价体系　　表 5–1

功能	评估指标	评估方法	参考文献 / 资料
水源供给	水量状况	采用现场打分法，按照水量占河道范围的比值划分等级	万俊等（2013）[257]
防洪安全	防洪标准	根据人口或耕地面积确定防洪等级	《防洪标准》GB 50201—2014
土壤保持	河岸植被带宽度	根据河岸植被缓冲带的水土流失控制功能的最小宽度要求及现状实际情况确定等级	朱强等（2005）[258]
生物多样性维持	白鹭数量	根据河道每 500m 出现的白鹭数量确定等级	康世磊（2015）[92]
河流地下水补给	地下水埋深	评价范围内地表至浅层地下水水位之间的平均垂线距离，通过《西安地区地下水动态综合研究报告》获取	熊文等（2010）[259]

资料来源：参考表中文献绘制。

耕地（含园地）基质的功能评价体系　　表 5–2

功能	评估指标	评估方法	参考文献 / 资料
土壤保持与养分循环	土壤侵蚀强度	根据鄠邑区土壤侵蚀模数（$t \cdot km^{-2} \cdot a^{-1}$）对照《土壤侵蚀分类分级标准》SL190—2007 划分等级，通过《陕西省土壤侵蚀模数图》获取数据	《土壤侵蚀分类分级标准》SL190—2007、陕西省林业发展区划办公室（2008）[260]558-559
生物多样性	物种丰富度（鸟类丰富度）	鄠邑平原区野生鸟类种数，通过实地调查并结合当地人的经验获取数据	周艳飞等（2017）[98]
水资源消耗	单位农田的灌溉水量	$V=W/A$　　(5–1) W—总灌溉用水量（m^3）； A—耕地总面积（hm^2），根据官方统计年鉴直接获取	叶延琼等（2012）[253]
农药污染	单位面积农药施用量	根据官方统计年鉴直接获取	—
化肥污染	单位面积化肥施用量（氮肥）	$Q=A_u/A$　　(5–2) A_u—化肥使用量（kg）； A—耕地总面积（hm^2），根据官方统计年鉴直接获取	白杨等（2010）[261]、陈同斌（2002）[262]
农田地下水补给	地下水埋深	评价范围内地表至浅层地下水水位之间的平均垂线距离，通过《西安地区地下水动态综合研究报告》获取	熊文等（2010）[259]

资料来源：参考表中文献绘制。

林地斑块的功能评价体系　　表 5–3

功能	评估指标	评估方法	参考文献 / 资料
土壤保持	土壤侵蚀强度	根据鄠邑区土壤侵蚀模数（$t \cdot km^{-2} \cdot a^{-1}$）对照《土壤侵蚀分类分级标准》SL190—2007 划分等级，通过《陕西省土壤侵蚀模数图》获取数据	《土壤侵蚀分类分级标准》SL190—2007、陕西省林业发展区划办公室（2008）[260]558-559
生物多样性	物种丰富度（鸟类丰富度）	鄠邑平原区野生鸟类种数，通过实地调查并结合当地人的经验获取数据	周艳飞等（2017）[98]
涵养水源	耕地绿地率	耕地中林网的面积所占比例，耕地绿地率 = 林地面积 / 耕地面积 × 100%	高燕（2013）[263]

资料来源：参考表中文献绘制。

秦岭北麓鄠邑区段生态功能评价指标体系　　表 5-4

目标层	准则层	一级指标层	二级指标层
A 秦岭北麓鄠邑区段生态功能评价	B1 河流廊道功能	C1 水源供给	D1 水量状况
		C2 防洪安全	D2 防洪标准
		C3 土壤保持	D3 河岸植被带宽度
		C4 生物多样性维持	D4 白鹭数量
		C5 河流地下水补给	D5 河流地下水埋深
	B2 耕地（含园地）基质功能	C6 土壤保持与养分循环	D6 土壤侵蚀强度
		C7 生物多样性	D7 物种丰富度（鸟类丰富度）
		C8 水资源消耗	D8 单位农田灌溉水量
		C9 农药污染	D9 单位面积农药施用量
		C10 化肥污染	D10 单位面积化肥施用量（氮肥）
		C11 农田地下水补给	C11 农田地下水埋深
	B3 林地斑块功能	C12 土壤保持	D12 土壤侵蚀强度
		C13 生物多样性	D13 物种丰富度（鸟类丰富度）
		C14 涵养水源	D14 耕地绿地率

5.2.2 指标权重及分值标准确定

1. 指标权重

根据表 5-5 所示的秦岭北麓鄠邑区段景观功能评价指标体系，向西安建筑科技大学、西北农林科技大学、长安大学、西北大学风景园林学、生态学、林学、地理学等四个领域的专家发放调查问卷 40 份，经回收并审核，得到有效问卷 40 份。通过对景观功能评价指标体系中两两指标的相对重要程度进行比较，在 Yaahp 软件中构造指标权重判断矩阵，通过一致性检验并确定各指标的权重值。

秦岭北麓鄠邑区段景观功能评价体系指标权重　　表 5-5

准则层	权重	一级指标	权重	二级指标	权重
B1 河流廊道功能	0.6491	C1 水源供给	0.2619	D1 水量状况	0.2619
		C2 防洪安全	0.0915	D2 防洪标准	0.0915
		C3 土壤保持	0.0631	D3 河岸植被带宽度	0.0631
		C4 生物多样性维持	0.0343	D4 白鹭数量	0.0343
		C5 地下水补给	0.1983	D5 地下水埋深	0.1983

续表

准则层	权重	一级指标	权重	二级指标	权重
B2 耕地（含园地）基质功能	0.0719	C6 土壤保持与养分循环	0.0046	D6 土壤侵蚀强度	0.0046
		C7 生物多样性	0.0034	D7 物种丰富度（鸟类丰富度）	0.0034
		C8 水资源消耗	0.0154	D8 单位面积农田灌溉用水量	0.0154
		C9 农药污染	0.006	D9 单位面积农药施用量	0.006
		C10 化肥污染	0.0118	D10 单位面积氮肥施用量	0.0118
		C11 农田地下水补给	0.0308	C11 农田地下水埋深	0.0308
B3 林地斑块功能	0.279	C12 土壤保持	0.0828	D12 土壤侵蚀强度	0.0828
		C13 生物多样性	0.1505	D13 物种丰富度（鸟类丰富度）	0.1505
		C14 涵养水源	0.0456	D14 耕地绿地率	0.0456

2. 评价指标分值标准的确定

评价指标分值标准的划定可以从以下几个方面考虑：①国家、行业和地方规定的标准；②区域生态环境背景和本底值（原生态值）；③以未受或少受人类干扰的相同地带区域的生态系统为参考，进行类比分析，确定标准值；④科学研究确定的生态环境阈值等[264]184。本书采用 5 分制进行分级标准的设定，其中包括定量分级和定性分级（表 5-6），5 分表示等级最高，1 分表示等级最低。

秦岭北麓鄠邑区段景观功能评估指标赋分标准　　表 5-6

评估指标	分级标准					标准值参考标准
	5 分	4 分	3 分	2 分	1 分	
B1 河流廊道功能						
D1 水量状况	水位达到两岸，仅有少量底质裸露	水覆盖 75%，<25% 底质裸露	水覆盖 50%~75%，<50% 底质裸露	水覆盖 <25%，浅滩大部分裸露	水量很少，河床几乎全部裸露	康世磊（2015）[264]
D2 防洪标准（a）	＞ 100	50~100	20~50	5~20	0~5	《防洪标准》GB 50201—2014
D3 河岸植被带宽度（m）	≥ 30	20~30	10~20	1~10	＜ 1	水土保持功能发挥最小宽度 30m
D4 白鹭数量（只 /500m）	＞ 10	8~10	5~8	3~5	0~3	历史记录
D5 地下水埋深（m）	＜ 5	5~10	10~15	15~20	＞ 20	县志记载最高地下水位
B2 耕地（含园地）基质功能						
D6 土壤侵蚀强度（土壤侵蚀模数 $t \cdot km^{-2} \cdot a^{-1}$）	＜ 200	200~500	500~1000	1000~5000	＞ 5000	《土壤侵蚀分类分级标准》SL190 —2007、《陕西省土壤侵蚀模数图（2008）》

续表

评估指标	分级标准					标准值参考标准
	5分	4分	3分	2分	1分	
D7 物种丰富度（野生鸟类数量）	＞116	100~116	80~100	60~80	＜60	《秦岭鸟类志（1973）》记载区域野生鸟类数量
D8 单位面积农田灌溉用水量（m^3/hm^2）	＜250	250~350	350~450	450~550	＞550	《2016年中国水资源公报》全国平均值
D9 单位面积农药施用量（kg/hm^2）	＜2	2~5	5~8	8~11	＞11	2015年全国平均值
D10 单位面积氮肥施用量（kg/hm^2）	＜100	100~150	150~200	200~250	＞250	2014年陕西省氮肥施用环境安全阈值[220]
C11 农田地下水埋深（m）	＜15	15~30	30~40	40~50	＞50	县志记载最高地下水位
B3 林地斑块功能						
D12 土壤侵蚀强度（土壤侵蚀模数 $t \cdot km^{-2} \cdot a^{-1}$）	＜200	200~500	500~1000	1000~5000	＞5000	《土壤侵蚀分类分级标准》SL190—2007、《陕西省土壤侵蚀模数图（2008）》
D13 物种丰富度（野生鸟类数量）	＞116	100~116	80~100	60~80	＜60	《秦岭鸟类志（1973）》记载区域野生鸟类数量
D14 耕地绿地率	＞10%	8%~10%	6%~8%	4%~6%	＜4%	葛安新等（2014）[265]

资料来源：根据表中参考文献绘制。

5.2.3 景观功能评价

1. 景观功能评价

根据秦岭北麓鄠邑段景观功能评价指标权重及赋分标准，利用Yaahp软件对秦岭北麓鄠邑区段河流、耕地、林地等景观要素进行评价。各景观要素评价指数如表5-7~表5-11所示。

太平河廊道景观功能评价　　表5-7

功能	指标	现状值	评估得分	权重值	评价指数
C1 水源供给	D1 水量状况	水覆盖50%~75%，<50%底质裸露	3	0.2619	0.7857
C2 防洪安全	D2 防洪标准	50年一遇	4	0.0915	0.366
C3 土壤保持	D3 河岸植被带宽度	0m	1	0.0631	0.0631
C4 生物多样性维持	D4 白鹭数量	2只/500m	1	0.0343	0.0343
C5 地下水补给	D5 地下水埋深	35m	1	0.1983	0.1983

涝河廊道景观功能评价　　表 5-8

功能	指标	现状值	评估得分	权重值	评价指数
C1 水源供给	D1 水量状况	水覆盖 50%~75%，<50% 底质裸露	3	0.2619	0.7857
C2 防洪安全	D2 防洪标准	50 年一遇	4	0.0915	0.366
C3 土壤保持	D3 河岸植被带宽度	0m	1	0.0631	0.0631
C4 生物多样性维持	D4 白鹭数量	4 只 /500m	2	0.0343	0.0686
C5 地下水补给	D5 地下水埋深	27m	1	0.1983	0.1983

甘河廊道景观功能评价　　表 5-9

功能	指标	现状值	评估得分	权重值	评价指数
C1 水源供给	D1 水量状况	水覆盖 <25%，浅滩大部分裸露	2	0.2619	0.5238
C2 防洪安全	D2 防洪标准	50 年一遇	4	0.0915	0.366
C3 土壤保持	D3 河岸植被带宽度	0m	1	0.0631	0.0631
C4 生物多样性维持	D4 白鹭数量	0 只 /500m	1	0.0343	0.0343
C5 地下水补给	D5 地下水埋深	25m	1	0.1983	0.1983

耕地（含园地）基质景观功能评价　　表 5-10

功能	指标	现状值	评估得分	权重值	评价指数
C6 土壤保持与养分循环	D6 土壤侵蚀强度（土壤侵蚀模数）	$100t \cdot km^{-2} \cdot a^{-1}$	5	0.0046	0.023
C7 生物多样性	D7 物种丰富度（鸟类丰富度）	46 种	1	0.0034	0.0034
C8 水资源消耗	D8 单位面积农田的灌溉用水量	$230m^3$/ 亩	5	0.0154	0.077
C9 农药污染	D9 单位面积农药施用量	$1.693kg/hm^2$	5	0.006	0.03
C10 化肥污染	D10 单位面积氮肥施用量	$470.4kg/hm^2$	1	0.0118	0.0118
C11 农田地下水补给	C11 农田地下水埋深	70	1	0.0308	0.0308

林地斑块景观功能评价　　表 5-11

功能	指标	现状值	评估得分	权重值	评价指数
C12 土壤保持	D12 土壤侵蚀强度（土壤侵蚀模数）	$100t \cdot km^{-2} \cdot a^{-1}$	5	0.0828	0.414
C13 生物多样性	D13 物种丰富度（鸟类丰富度）	104 种	4	0.1505	0.602
C14 涵养水源	D14 耕地绿地率	1.3%	1	0.0456	0.0456

2. 评价结果分析

太平河河流廊道景观功能评价 B1=0.6491×1.4474=0.9395，涝河河流廊道景观功能评价 B1=0.6491×1.4817=0.9618，甘河河流廊道景观功能评价 B1=0.6491×1.1855=0.7695；

耕地基质景观功能评价 B2=0.0719×0.1760=0.0127；

林地斑块景观功能评价 B3=0.2790×1.0616=0.2962；

对以上景观要素功能评价结果加和计算，秦岭北麓鄠邑区段总体景观功能 A=（0.8600+0.8849+0.8742）/3+0.1988+0.0355=1.1992。

秦岭北麓鄠邑区段景观功能综合评价指数的分值越高，则景观功能运行情况越好，否则相反。参考本书研究区域生态功能划分标准（表 5-6），得出基本结论：秦岭北麓鄠邑区段景观功能处于较低水平，亟待修复；其中地下水、生物多样性、化肥污染三项景观功能值最低。所以，当前秦岭北麓鄠邑段景观可持续发展首先要解决的问题是地下水、生物多样性及化肥污染三项功能的修复。

5.3 多过程相互作用系统分析

地下水补给、生物多样性及化肥污染分别涉及水文过程、动物运动和养分迁移三类景观过程，这三类过程相互作用的系统分析详见第 4 章的内容。根据秦岭北麓鄠邑段多过程相互作用机制，水文过程为主导驱动过程，动物运动、养分迁移为被动响应过程，并可以判断影响地下水补给的水文过程的关键变量为降水入渗，影响生物多样性的动物运动关键变量为水平扩散活动，影响化肥污染的养分迁移的关键变量为养分随地表径流扩散。

5.4 主导驱动过程关键变量分析与景观格局优化

5.4.1 地下水垂直补给过程分析

1. 分析方法

地下水垂直补给过程发生在某一地域单元内的生态过程，在植被、土壤等里面自上而下垂直迁移运动。所以，地下水垂直补给过程的分析可以借鉴麦克哈格的土地适宜性分析法。通过对不同层级的适宜性下渗程度进行分析叠加，得出地下水潜在补给的适宜性格局。

2. 地下水潜在补给格局

地下水垂向入渗补给量的多少，受降水量及降水情势、土壤、地形地貌、包气带岩性、潜水位埋深、蒸发能力、土地覆盖等诸多因素的影响 [266，267]。地下水埋深大于 3m 后，年降雨入渗系数与埋深无显著关系 [267]，而本书研究区域地下水埋深均大于 5m。此外，由于本区域属于单一的地貌单元且尺度较小，所以降雨量及蒸散量并无明显的空间差异。综合以上分析，参考相关文献 [268~271] 及数据的可获取性，本书选取坡度、土壤、土地利用类型及包气带岩性等要素作为降水补给的适宜性评价因子（图 5-4、图 3-7、图 3-14、图 5-5）。

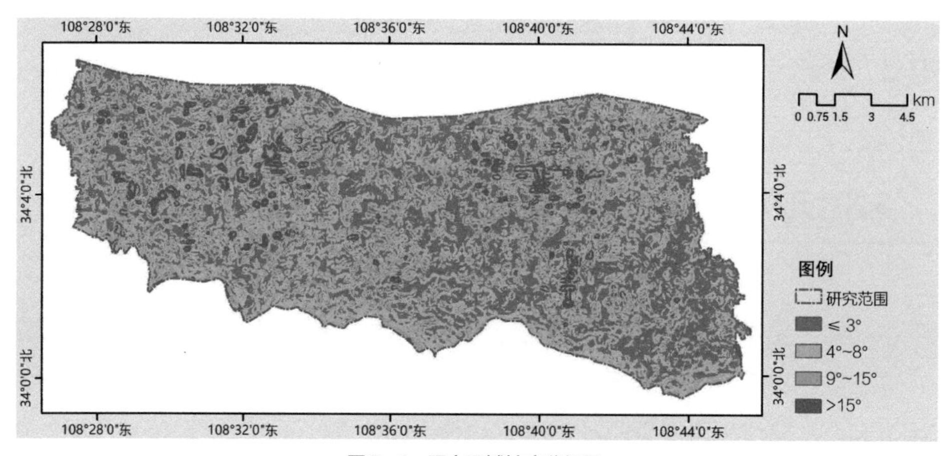

图 5-4　研究区域坡度分级图

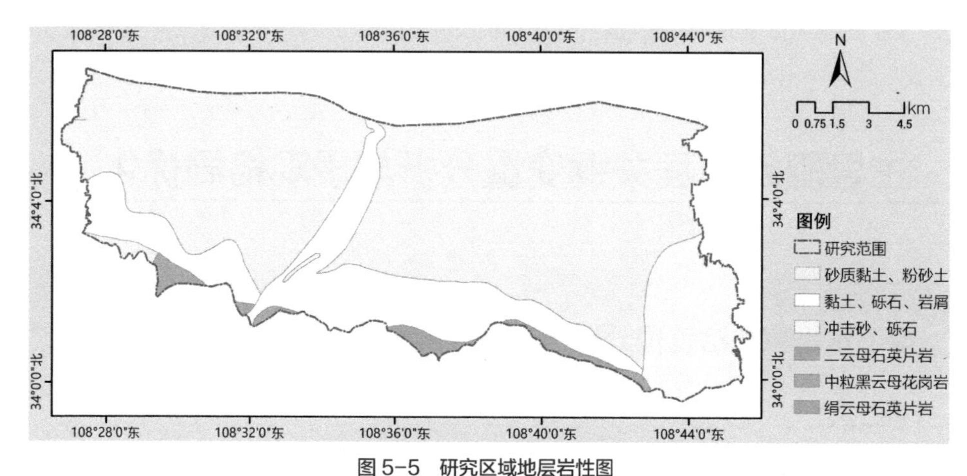

图 5-5　研究区域地层岩性图
（资料来源：陕西省地质局，作者数字化、绘制）

坡度、土壤、土地利用类型、包气带岩性的分值设定依据各自对入渗系数的影响程度。地形坡度越大，转化为地表径流的份额越大，降水入渗系数越小。土壤渗透速率与土壤毛管孔隙度和总孔隙度成显著正相关关系[272]，土壤孔隙度越大，土壤的入渗能力越强。陕西各类土壤耕层孔隙度平均值大小：新积土（58.5）>水稻土（52.5）>褐土（52.1）>塿土（50）>潮土（48.3）[273]。不同土地利用方式的稳定入渗率大小顺序为：果园>农地>灌木>草地>林地[274]，建设用地及道路属于不透水下垫面，透水性最差。在相同的降雨特征和地下水位埋深条件下，不同岩性的降雨入渗系数不同，其中砂质土较大、黏性土较小[267]。这四类要素作为降水补给地下水的适宜性分值具体设定如表 5-12 所示。

地下水降水补给适宜性评价分值与权重 **表 5-12**

评价因子	分类或分级	分值（0~10）	权重
坡度	0°~3°	9	0.11
	3°~5°	7	
	5°~10°	6	
	10°~15°	3	
	> 15°	1	
土壤	新积土	10	0.2
	水稻土	6	
	褐土	5	
	塿土	4	
	潮土	1	
土地利用类型	水域	10	0.29
	采矿用地	9	
	园地	8	
	旱地	7	
	水浇地	6	
	草地	5	
	林地	4	
	其他用地	2	
	道路	1	
	城市及村庄建设用地	1	
包气带岩性	冲击砂、砾石	10	0.4
	黏土、砾石、岩屑	7	
	砂质黏土、粉砂土	5	
	花岗石	1	
	石英片岩	1	

根据以上适宜性评价因子，通过 ArcGIS 实现区域地下水潜在补给区适宜性分析（图 5-6）。

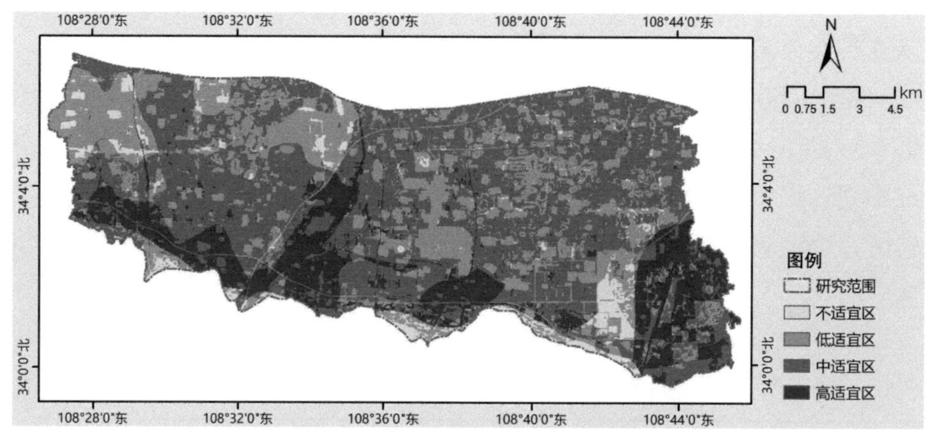

图 5-6　地下水潜在补给适宜性分区图

5.4.2　地下水补给格局优化

根据地下水潜在补给适宜性分析可知，地下水调蓄格局优化的关键在于高、中适宜区入渗斑块的优化。由格局变化与水文过程的相互作用关系可知，“源”景观斑块类型、大小是影响降水入渗的关键变量（图 5-7）。所以，地下水调蓄格局需要在高、中适宜区对入渗“源”景观斑块类型、大小进行优化。

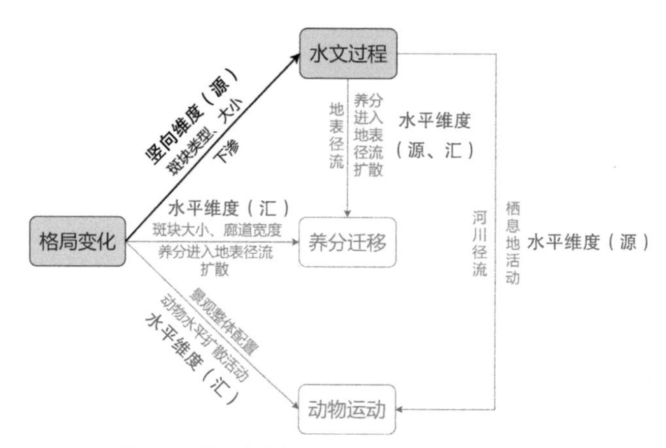

图 5-7　格局变化与水文过程相互作用的关键变量

1. 入渗过程“源”景观分布现状

由第 4 章可知，林地、水域（包括河道、坑塘湿地）是地下水补给的主要场所，其中由于秦岭北麓鄠邑段特殊的水文地质结构，覆有深厚卵石层的河床渗透系数远大于林地。坑塘（或陂塘）是人工截蓄自然径流而形成的小型水体[275]。作为存在干湿交替的水文动态变化的半自然湿地系统，陂塘与沟渠、农田和河流共同构成的小型蓄水系统通过截留地表径流、减缓峰值径流、增加蒸发和地下水回补，起到调节雨洪的功能，被视为传统的绿色基础设施组成部分[276，277]。秦岭北麓鄠邑区段地下水适宜补给区中“源”景观分布现状如图 5-8 所示。

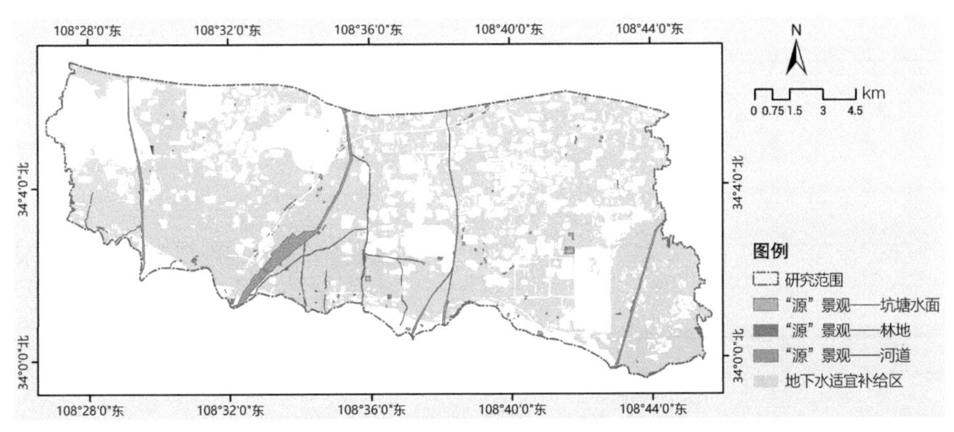

图5-8　高、中适宜补给区的“源”景观分布现状

2. 自然入渗“源”景观优化策略

1）“源”景观类型优化——自然河床的保护与恢复

各条峪道的河床渗漏是该区域地下水的主要补给方式之一，保证自然河床的渗漏是补给地下水的重要途径。虽然太平河、涝河、甘河三条主要河道修建了大量拦蓄洪水的堤坝，但硬化堤坝的不透水河床阻碍了洪水自然下渗。拦洪坝的作用仅是削减洪峰，而无法利用所拦蓄的洪水资源。所以，可以将太平河、涝河及甘河的拦洪坝改为分散透水坝拦蓄洪水以补给地下水。

鄠邑出终南山诸峪形成的 36 条河流，除涝河、太平河、甘河等三条常年径流量较充沛的河流外，其他河流均水量较小甚至常年断流（图 5-9）。这些河道河床均由厚厚的砾石堆积层构成，也是自然渗漏的重要补给场所。干涸河道优化蓄水补给地下水可以从两方面展开：①“以绿带水”——在卵石河床种植乡土草本滞洪补潜；②“筑堰蓄水”——设置梯级溢流堰拦蓄洪水（图 5-10~ 图 5-12）[278，279]。

2）“源”景观大小优化——结合低洼地增加湿地

湿地是地球水资源的有效储存形式，在补给地下水方面发挥着重大作用，能促进水资源的优化配置，有效维持水资源的科学合理利用[280]。历史上秦岭北麓鄠邑段太平河和涝河峪口周围存在着大面积的湿地，由于 20 世纪 70 年代之后城市建设用地扩张及“排

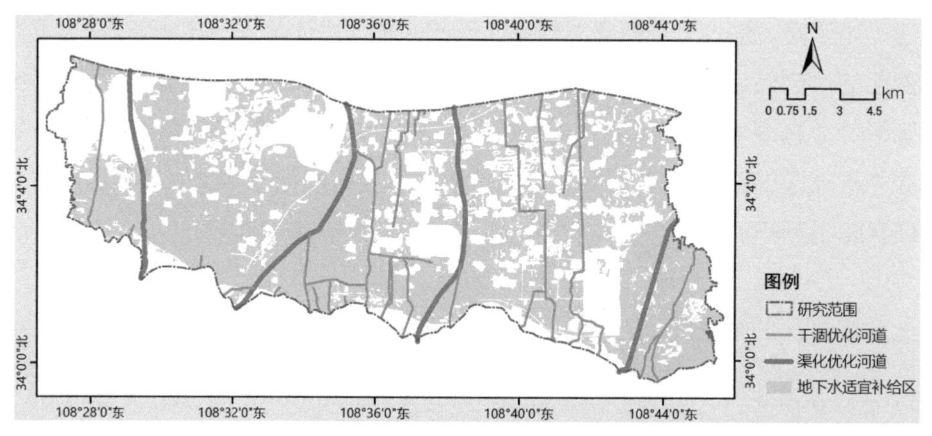

图5-9 研究区域河床恢复与保护的河道分布图

图 5-10 秦岭北麓鄠邑段干涸河道现状

图 5-11 干涸河道改造意向
（资料来源：谷歌图片）

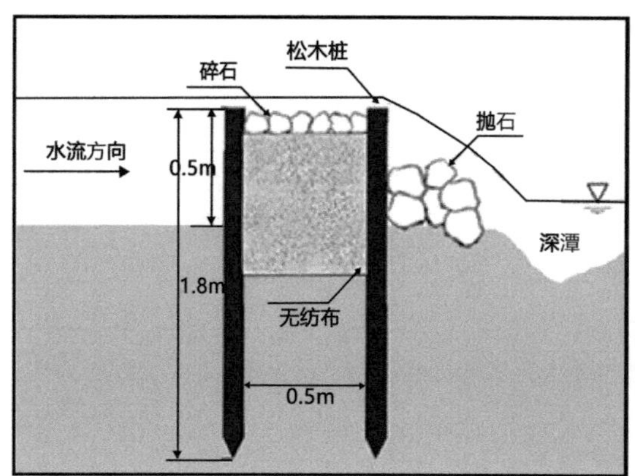

（a）

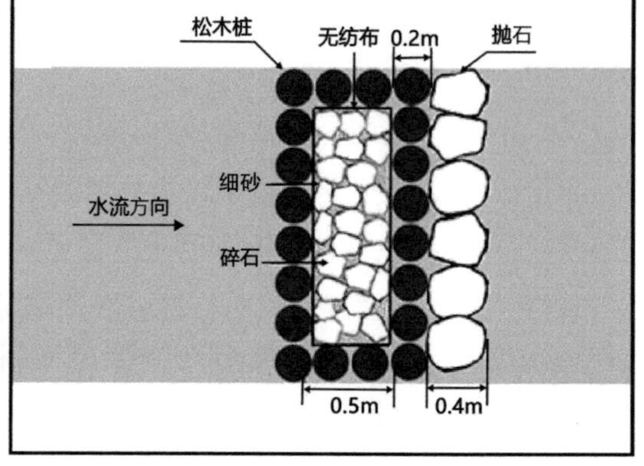

（b）

图 5-12 溢流堰结构图
（a）溢流堰工程结构剖面图；（b）溢流堰工程结构平面图
（资料来源：引自参考文献 [280]）

涝还田”土地整治导致湿地丧失殆尽。现由于峪口周围土地利用矛盾的突出及河漫滩地貌已发生根本性的改变，在峪口恢复湿地已无可能。根据本研究区域的高程 DEM 图可以发现，研究区域分布着大量低洼地，将其改造为湿地用以补给地下水。

依据 DEM 高程图识别低洼地，提取地下水潜在补给高适宜区和中适宜区中高程小于 389m 的场地。可利用低洼地共计 61 处，面积约 130hm^2（图 5-13）。

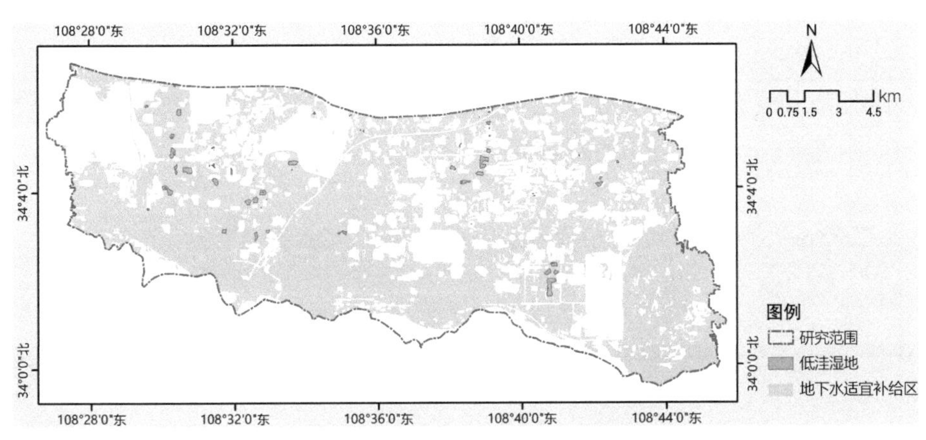

图 5-13 地下水适宜补给区中的洼地分布图

3）“源”景观大小优化——废弃矿坑改造为截洪引渗湿地

平原区的山前冲洪积扇区是一个天然的“地下水库”，具有强大的地下水调蓄功能[281~283]。第四纪以来，从秦岭山前至盆地中心，形成洪积、冲积、湖积相松散沉积，厚度一般 300~800m，最大 1000 余米；山前支流密布，水系发达。所以，本书研究区域在储水空间、入渗能力、补给场所、补给水源等方面均具有良好条件（图 5-14）。此外，鄠邑区降水强度变化大，经常非涝即旱，每年雨洪季节和丰水年造成大量地表径流流失[206]。因此，在秦岭山前洪积扇区进行截洪引渗，可有效解决水资源时空分布不均、平原区水资源短缺问题，提高水资源利用率。

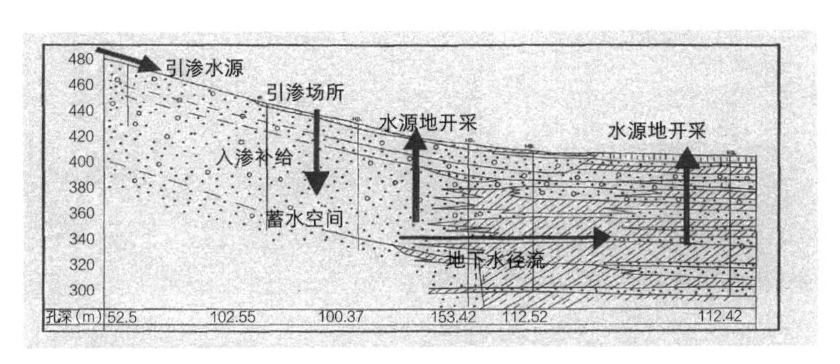

图 5-14 秦岭北麓山前冲洪积扇区地下水库剖面结构图
（资料来源：引自参考文献 [76]）

已有相关的研究证明太平河与涝河山前洪积扇区截洪引渗的可行性[74~76，79]。太平河山前洪积扇扇体上游环山路至马丰滩村段东、西岸，以及涝河西侧冲洪积扇区腊家滩至童家滩有大量采矿废弃的沙坑。这些废弃矿坑下部为渗透性极好的松散的砂卵石层，均是理想的引渗场所。所以，可以将本书研究区域的所有河道两岸的采矿用地改造为补给地下水的渗坑湿地（图 5-15、图 5-16）。

利用废弃矿坑改造为渗坑湿地的调蓄模式如图 5-17 所示。通过渗渠或供水沟等方式把丰水期的洪水引入渗坑湿地，湿地通过蓄留洪水使其下渗补给地下水，过量的洪水则通过水渠排泄回河道中。通过渗坑湿地的截洪引渗，一方面可以有效补给地下水，另一方面可以削减河流洪峰，减小下游防洪压力。

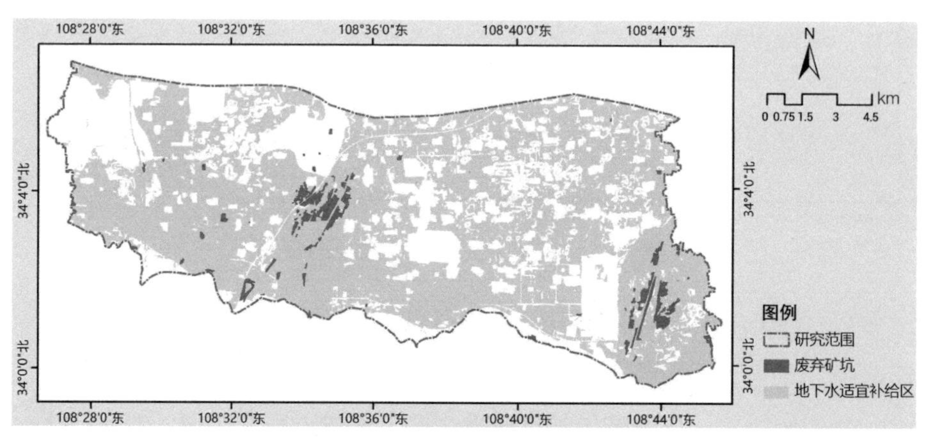

图 5-15　研究区域废弃矿坑分布图

图 5-16　秦岭北麓鄠邑段废弃矿坑现状

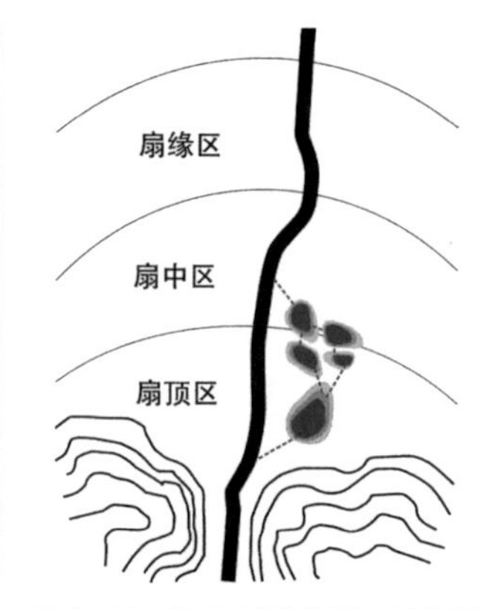

图 5-17　废弃矿坑调蓄模式示意图

3. 地下水补给优化格局

通过自然河床的保护与恢复、结合低洼地增加湿地、废弃矿坑改造为截洪引渗湿地等策略，可以得出地下水补给优化格局，如图 5-18 所示。

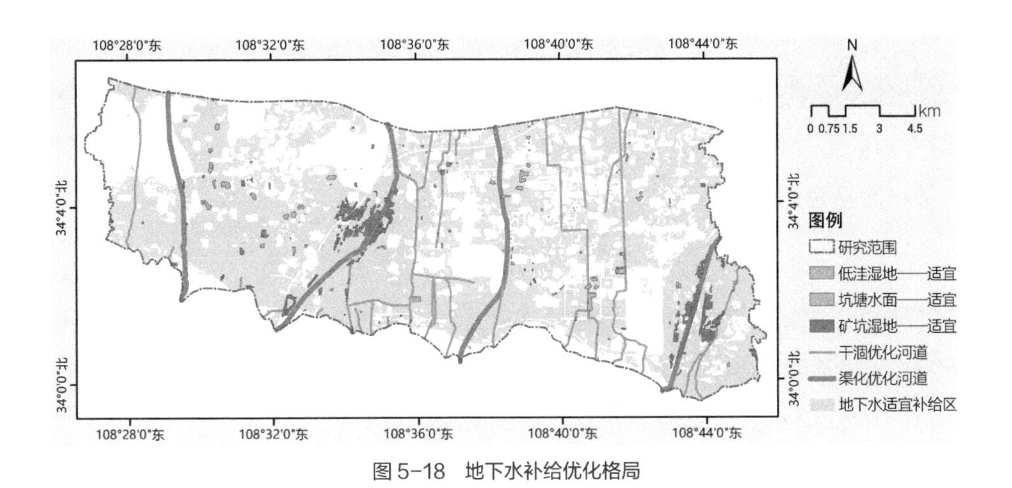

图 5-18 地下水补给优化格局

5.5 被动响应过程关键变量分析与景观格局优化

5.5.1 鸟类水平扩散过程分析

根据多过程相互作用机制可知，水文过程是动物活动的主导驱动过程，所以，动物运动分析的基础格局应是水文过程优化后的景观格局，而非现状景观格局（图 5-19）。接下来鸟类水平维度的分析及格局优化都是基于该基础格局展开进行。

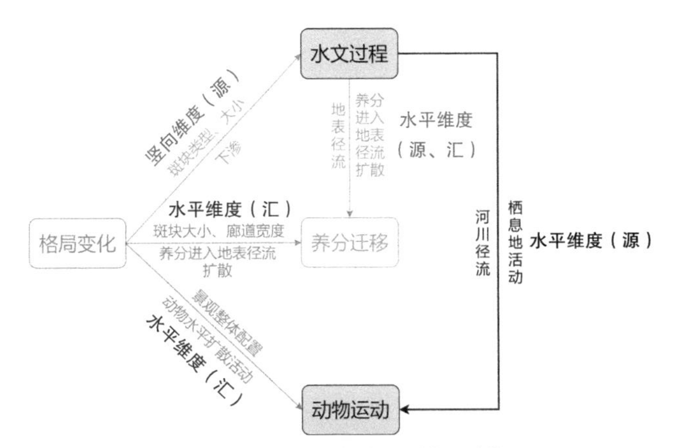

图 5-19 水文过程对动物运动的影响作用

1. 分析方法——最小累积阻力模型

由 Knappen 等（1992）提出的最小累积阻力模型（Minimal Cumulative Resistance，MCR）是目前生态学、规划实践等领域应用最为广泛的物种水平运动分析模型。物种在景观中水平扩散被当作一种克服空间阻力运动的过程，不同的景观要素对物种运动的阻碍或促进程度不同。累积阻力是指物种从源地出发到目的地，经过具有不同阻力值的用地斑块所需要的阻力耗费总值，可以反映物种扩散的潜在可能性和趋势[284]。最小累积阻力模型即用来构建阻力面，其表达式为：

$$MCR = f_{\min}\left(\sum_{j=n}^{i=n} D_{ij} \cdot R_i \cdot S_j\right) \tag{5-3}$$

式中 MCR——城镇扩展源 j 穿越所有景观单元最小累积阻力值；

D_{ij}——从源 j 到评价单元 i 的空间距离；

R_i——景观单元 i 对城镇空间扩展的阻力系数；

f——一个未知的正函数，反映空间中任一点的最小阻力与其到所有源的距离和阻力面特性的正相关关系；

S_j——源 j 所属等级的相对阻力因子，城镇用地的等级越高，扩展能力越强，其相对阻力因子就越小；

min——某景观单元对不同的源取累积阻力最小值[285]。

2. 焦点物种的选择

Lambeck 于 1997 年提出的生物多样性保护的焦点物种途径成为当前国际通用的做法[286，287]。焦点物种（Focal Species）的需求被认为可以囊括其他物种的需求，所以对场地受威胁的焦点物种进行保护，就可以达到保护大多数物种的目的[286]。焦点物种的选择原则包括：物种的稀有性和特有性、受胁迫状态、对其他物种和各类栖息地的指示作用、生物学上的代表性和典型性、能否引起观众关注等[288]。本书研究区域受农业和人类活动干扰比较大，重要的哺乳动物及鱼类数量少且栖息地单一，而鸟类物种丰富，可涵盖所有生境类型，故可选作焦点物种。

本书研究区域主要的生境类型有农田、水域、林地、村镇居民区，其中农田和村镇居民区生境中的鸟类均为被林地生境所涵盖的常见种。根据高学斌等（2008）[89]、武宝花（2011）[90]调查本地区鸟类的名录，排除不常见种、过于普遍或特殊种及相关研究文献过少等情况，并咨询北京师范大学鸟类生态学专家，本书选取代表水域生境的白鹭作为本书研究区域的焦点物种。

3. 源地选择

白鹭（*Egretta Garzetta*），涉禽，属鹳形目鹭科白鹭属。白鹭主要栖息在稻田、溪流、池塘和江河及水库附近的山坡或村寨周围的乔木林或竹林[289]。白鹭的栖息地约束条件包括[290]：①自然地理因素：栖息地高程、类型、面积；②生物因素：觅食地类型、距离及觅食半径；③人为干扰因素：包括惊飞距离（Flushing Distance）、距城市中心距离、平均噪声、城市化综合指数等。本书根据研究区域的特征及咨询相关专家的意见，选取白鹭栖息地的限定条件为：①栖息地类型：觅食地为水域，筑巢地为林地。②人为干扰因素：距建成区距离和距道路距离。Palomino和Carrascal（2007）研究认为鸟类选取距建成区距离和距道路距离不小于400m和300m[291]，但随着城市化的程度提高，白鹭对人为侵扰的适应程度也在不断提高[292]。本书研究区域建设用地和农田侵占和挤压白鹭栖息地，属于高度集约化的经营景观，白鹭已对人类侵扰产生一定的适应性。根据现场观察及咨询专家意见，距建成区和距道路距离分别取150m和60m。有研究认为白鹭栖息地的临界面积不小于10hm^2。根据以上白鹭的生境约束条件，通过ArcGIS识别白鹭源地斑块共计11个，面积从10~107hm^{2}不等（图5-20）。

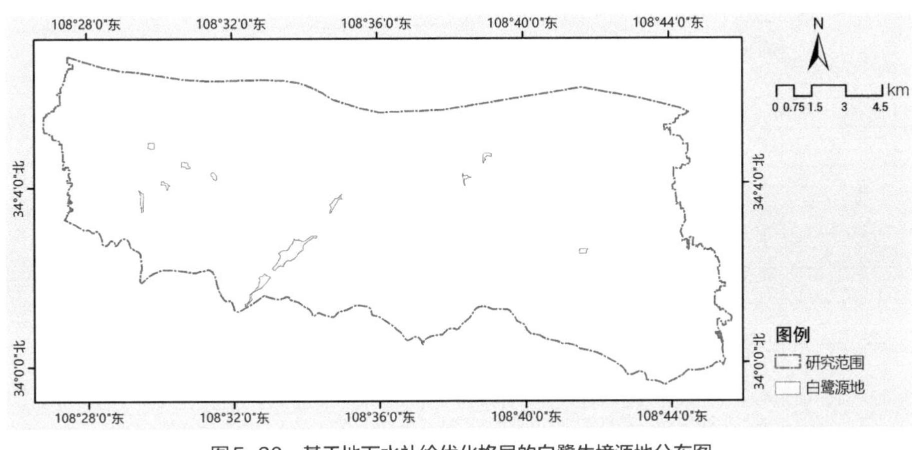

图5-20 基于地下水补给优化格局的白鹭生境源地分布图

4. 白鹭水平扩散阻力分析

物种迁徙模拟需要大量物种分布和生境结构数据以及对影响物种迁移因素（生境质量、水质情况、人为干扰强度等）的考虑[287]。对鸟类土地利用类型适宜性认知上的差异是造成迁移阻力赋值差异的主要原因，白鹭的水平空间运动主要受土地利用类型的影响[287, 288]。本书采取土地利用类型适宜性与最小耗费路径相结合的方法研究白鹭的景观阻力值。

参照以上相关文献研究结果，设定白鹭的景观阻力值（表5-13）。基于最小累积阻力模型构建的秦岭北麓鄠邑区段白鹭的水平扩散阻力面如图5-21所示。

不同土地利用类型的阻力值 表 5-13

土地利用类型	阻力值
水域	1
林地	1
园地	30
耕地	40
其他用地	50
建设用地	100

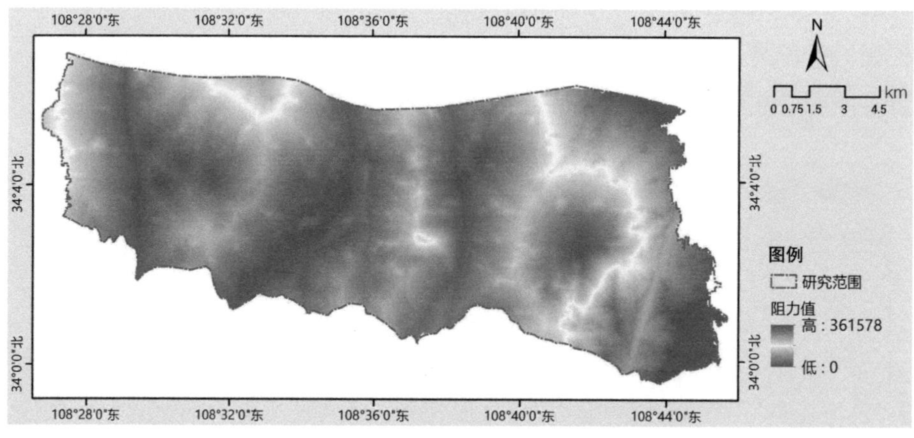

图 5-21 白鹭水平扩散阻力分析图

5.5.2 养分 - 地表径流扩散过程分析

根据多过程相互作用机制可知，水文过程是养分迁移的主导驱动过程，所以，养分迁移分析的基础格局应是水文过程的优化格局，而非现状景观格局（图 5-22）。接下来养分 - 地表径流扩散的分析及格局优化都是基于该基础格局进行。

1. 分析方法——基于 GIS 的 SCS 模型

SCS 模型又称曲线数值法（Curve Number Method），是美国农业部水土保持局（Soil Conservation Service，SCS）于 1954 年开发研制的流域水文模型，是目前广泛应用的地表径流模型之一。SCS 模型具有结构简单、所需参数少、对观测数据要求不严格等特点，能够客观描述不同土地利用方式、土壤类型、前期土壤含水量及降水条件下的地表径流过程，对于小面积集水区径流预报具有较强的能力[293]。由于本书研究区域缺少实测流量、蒸发等资料，所以可以采用所需参数较少的 SCS 模型进行

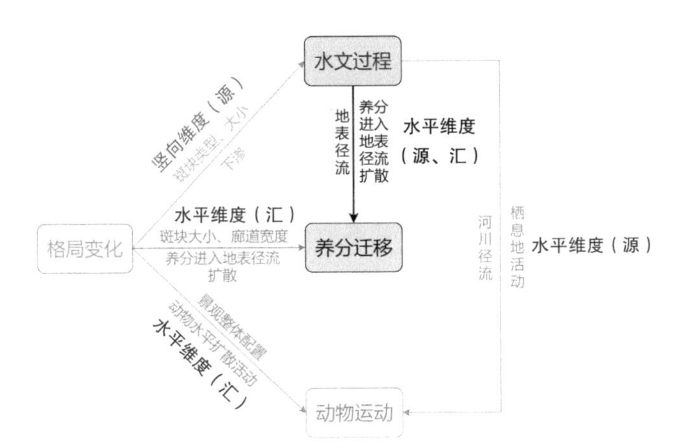

图5-22　水文过程对养分迁移的影响作用

径流模拟。

由于 SCS 模型模拟的结果以数值形式呈现，无法直接指导空间规划设计，所以本书通过 ArcGIS 空间分析功能的水文分析模块（Arc Hydro Tools），提取研究区河网水系并划分子流域，并运用 SCS 模型模拟不同子流域地表径流年均汇流量。运用水文分析模块进行地表水文模拟分析，主要包括以下四个流程：DEM 的预处理、水流方向的确定、汇流栅格图的生成、自动提取河网和子流域边界[294]。由于 ArcGIS 的水文分析是基于软件的流程化操作，所以下面重点介绍 SCS 模型理论。

SCS 模型的建立基于水平衡方程以及两个基本假设，即比例相等假设和初损值 - 当时可能最大潜在滞留量关系假设[293]。水平衡方程是对水循环现象进行定量研究的基础，用于描述各水文要素间的定量关系[293]。

$$P=I_a+F+Q \tag{5-4}$$

式中　P——总降雨量（mm）;

I_a——主要指产生地表径流之前地面填洼、截流和下渗的初损（mm）;

F——实际入渗量（mm）;

Q——地表径流量（mm）。

比例相等假设是指地表径流 Q 与总的降雨量 P 及入渗量和当时可能最大滞留量比值相等[293]。

$$\frac{F}{S}=\frac{Q}{P-I_a} \tag{5-5}$$

式中　S——当时可能最大滞留量（mm）。

初损值（I_a）与可能最大滞留量（S）关系假设：初始滞留量（I_a）约等于最大可能滞留量（S）的 20%，即 I_a =0.2S。

将式（5-5）代入式（5-4），求解出径流量 Q，可得：

$$\begin{cases} Q = 0 & , P \leqslant 0.2S \\ Q = \dfrac{(P - 0.2S)^2}{P + 0.8S} & , P < 0.2S \end{cases} \tag{5-6}$$

为了计算 S，SCS 模型引入一个反映地表产流能力的综合参数 CN。S 与 CN 值的关系表达为：

$$S = \frac{25400}{CN} - 254 \tag{5-7}$$

式中　S——土壤最大蓄水能力；

CN——径流曲线数值，是与土壤类型和土地利用方式密切相关的一个无量纲参数。

所以，只需要知道参数 CN 就可以求出径流量。利用 SCS-CN 模型计算地表径流主要分为确定土壤水文组、查表确定 CN、根据土壤湿度调节 CN、利用 SCS-CN 模型计算地表径流等几个步骤[295]。

2. 地表水文模拟分析

地表水文模拟分析经常用 ArcGIS 中的水文分析模块。基于 DEM 的地表水文分析是 ArcGIS 中一套非常成熟的、流程化的操作程序。该方法主要包括利用 ArcGIS 水文分析模块依序进行水流方向、汇流累积量、水流长度、河流网络、河网分级及流域分割等分析[296]479-492。其计算结果如图 5-23~ 图 5-26 所示。

3. 子流域径流量计算

1）土壤水文组

参照 SCS 土壤分类定义表，通过土壤水分的最小渗透率或土壤质地来确定土壤水

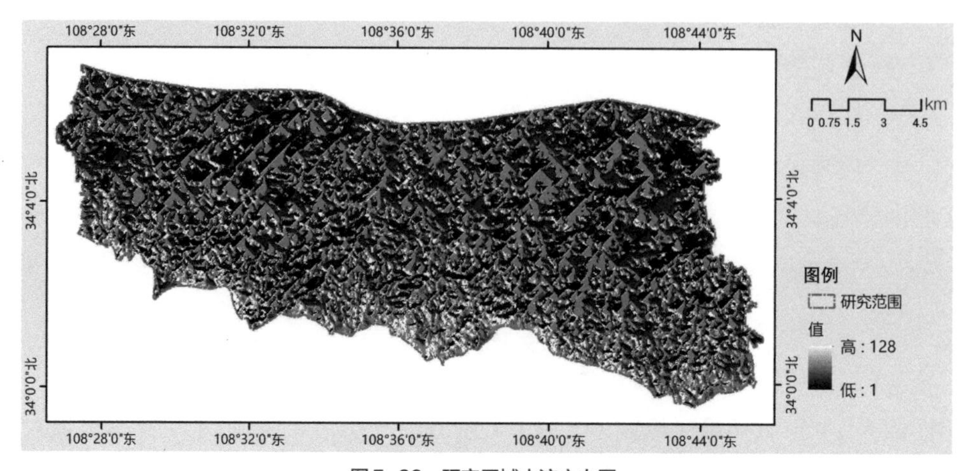

图 5-23　研究区域水流方向图

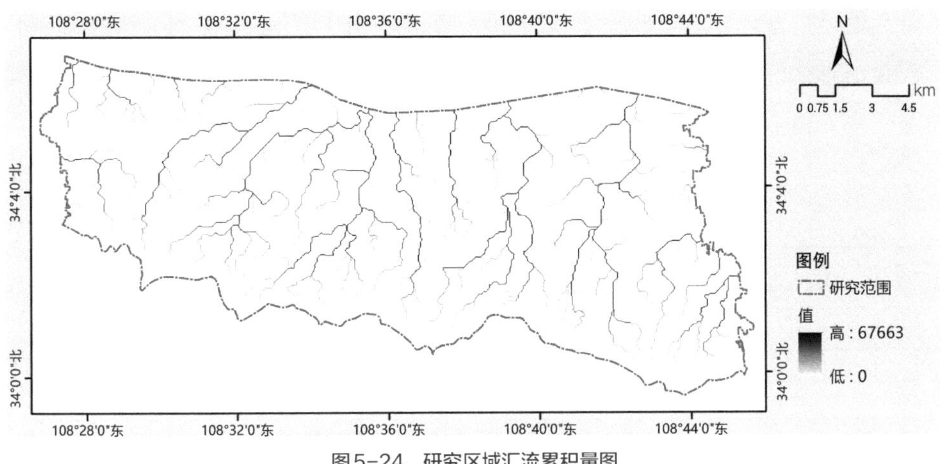

图5-24　研究区域汇流累积量图

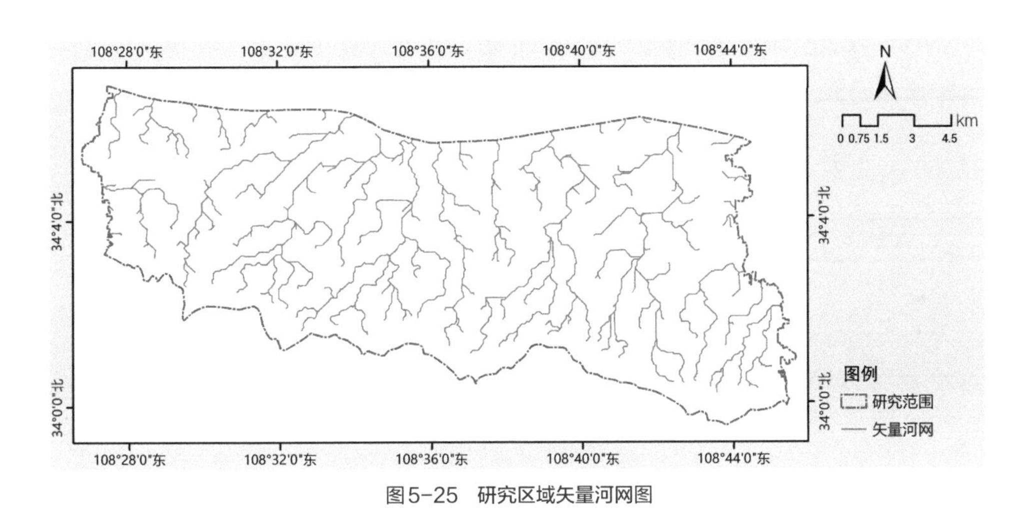

图5-25　研究区域矢量河网图

图5-26　研究区域流域盆地分区图

文组，将土壤类型划分为 A、B、C、D 四组（表 5-14）[297]。A 类为潜在径流量很低的土壤，主要是排水性较好的砂土或砾石土；B 类土壤主要是一些砂壤土；C 为轻、中壤土；D 类为潜在径流量很高的土壤，主要是具有高膨胀性的黏土和重黏土[295]。

水文土壤组定义指标 **表 5-14**

土壤类型	最小下渗率（$mm \cdot h^{-1}$）	土壤质地
A	> 7.26	砂土、壤质砂土、砂质壤土
B	3.81~7.26	壤土、粉砂壤土
C	1.27~3.81	砂黏壤土
D	0~1.27	黏壤土、粉砂黏壤土、砂黏土、粉砂黏土、黏土

资料来源：引自参考文献 [297]。

本书研究区域土壤有 5 个土类、12 个亚类，各土壤类型的剖面质地查阅《陕西土壤》，确定本书研究区域的水文土壤组如表 5-15、图 5-27 所示。

研究区不同土壤类型的水文土壤组 **表 5-15**

土壤类型	主要剖面质地	水文土壤组
新积土	砾质砂土、黏壤土	B
塿土	粉砂黏壤土	D
水稻土	壤土、黏壤土	C
褐土	粉砂质黏土、黏壤土	D
潮土	砾质壤土、砾质黏壤土	C

资料来源：作者根据《陕西土壤》绘制。

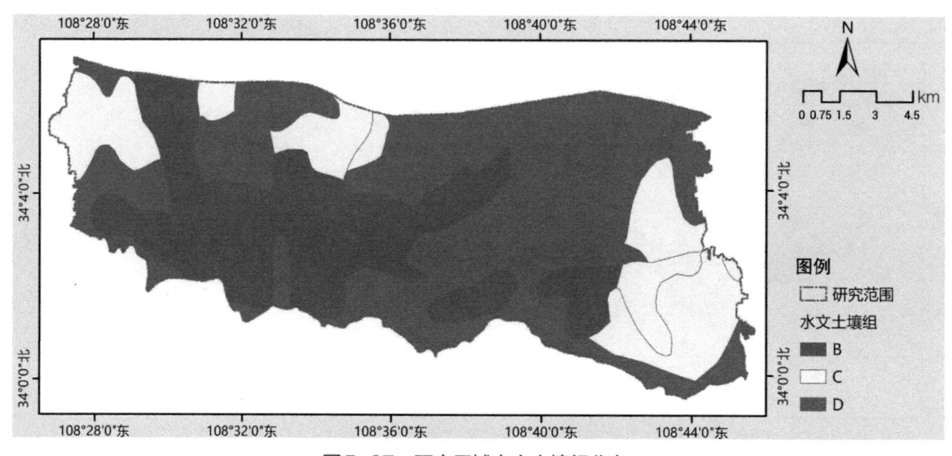

图5-27 研究区域水文土壤组分布

2）土地利用

在 SCS 模型中不同的下垫面类型会有不同的地表产流效果，且主要由植被覆盖度所决定。植被覆盖度越高的用地类型，其滞留能力越强，最终地表的产汇流能力越弱。河、湖等水域用地表面雨水直接形成径流，故其产汇流能力最强。本书研究区域土地利用类型如表 5-16 所示。

研究区域土地利用类型 **表 5-16**

土地利用类型	占地面积（hm^2）	占地比例（%）
耕地	15856	64.9
园地	981	4
林地	157	0.6
水域	550	2.2
建设用地	6824	27.9
其他用地	82	0.3

3）*CN* 值确定

由于 SCS 模型中 *CN* 值为在美国测定，直接引用 *CN* 值计算误差太大，所以需要重新确定 *CN* 值[298]。结合本书研究区域土壤水文分组及土地利用类型，参考国内研究者在西安地区确定的 *CN* 值[71, 299]，确定了本书研究区域在正常状态下（AMC Ⅱ）的 *CN* 值表（表 5-17）。按照表 5-17 中的 *CN* 值进行赋值，可得到研究区域 *CN* 值分布图，如图 5-28 所示。

西安市中等湿润（AMC Ⅱ）状态下不同土地利用的 *CN* 值 **表 5-17**

土地利用方式	土壤类型			
	A	B	C	D
耕地	67	78	85	89
园地	40	62	76	82
林地	25	55	70	77
水域	98	100	100	100
建设用地	81	87	91	84
其他用地	72	82	88	99

资料来源：引自参考文献 [299]。

4）根据 *CN* 值计算径流深和径流量

鄠邑区年均降水量 627.6mm，根据式（5-4）、式（5-5），通过 ArcGIS 栅格计算

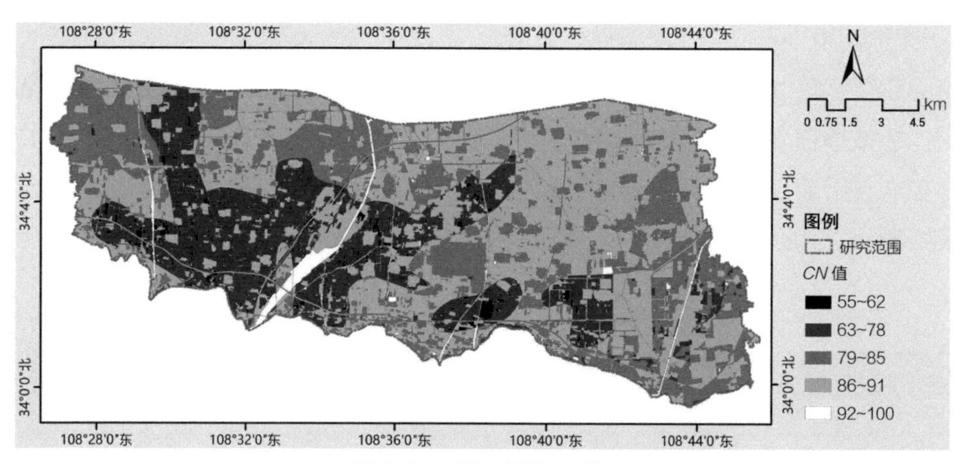

图 5-28　研究区域的 CN 值

器功能，计算出该研究区域的径流深和径流量（图 5-29、图 5-30）。根据研究区域的径流量空间分布情况，对区域未来地表径流产流较高的重点区域进行判别，这些区域是未来径流削减的关键区域。

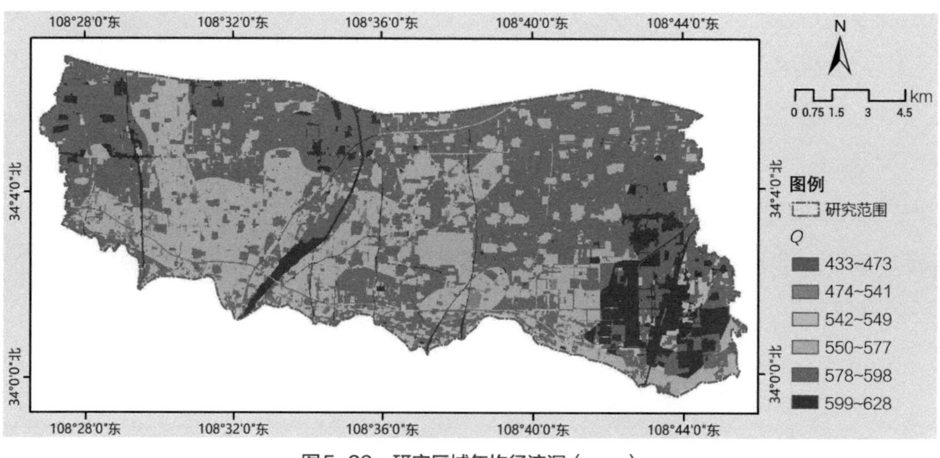

图 5-29　研究区域年均径流深（mm）

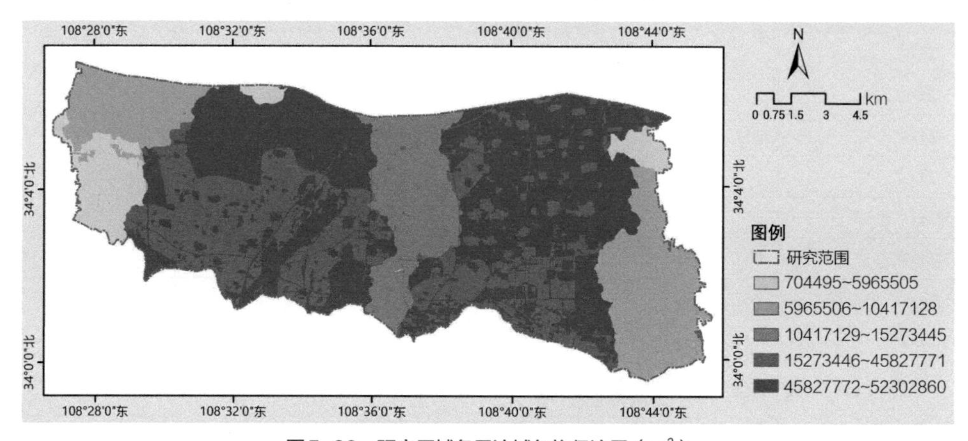

图 5-30　研究区域各子流域年均径流量（m^3）

5.5.3 生物多样性恢复格局

根据格局变化与动物活动的相互作用关系可知，“汇”景观的整体配置优化是恢复生物多样性的关键（图 5-31）。生物多样性的景观优化途径有“集聚间有离析”模式、景观安全格局、绿色基础设施、圈层保护模式、保护区网模型等不同模式[300]。这些模式都包含一些普遍的空间策略：①建立面积尽可能大的栖息地核心区；②在栖息地核心区外围建立缓冲区以减少人为活动的干扰；③在栖息地之间建立廊道；④在开发区或建成区设置一些小的自然斑块和廊道增加景观的异质性；⑤在关键性的部位引入或恢复乡土（Native）景观斑块[100]282-290 [244][301]。

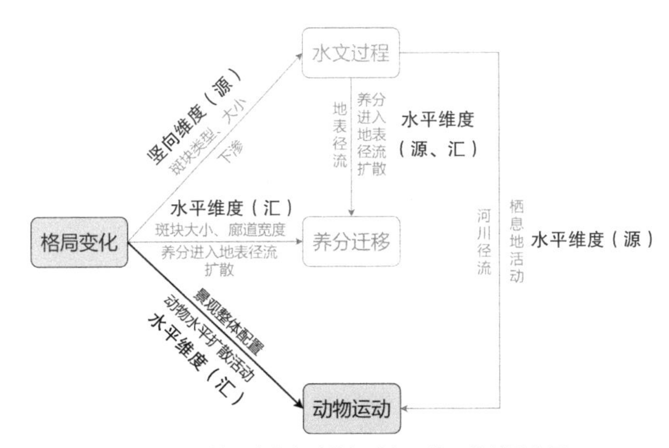

图 5-31 格局变化与动物运动相互作用的关键变量

1. 鸟类水平扩散“汇”景观分布现状

由第 4 章的动物运动过程分析可知，鸟类水平扩散的“汇”景观为各类土地覆被。由于物种在空间扩散的同时还受到水文过程的影响，其“汇”景观应该是基于地下水补给优化后的景观格局（图 5-32）。所以，生物多样性恢复是对基于地下水补给优化后的格局展开的。

2. 生物多样性恢复策略

1）划定核心栖息地

本书参考曲艺和栾晓峰（2010）[302] 的研究方法来确定白鹭核心栖息地：通过最小费用距离模型建立的费用距离表面是反映物种运动的时空连续表面，必须通过设定分隔阈值来确定物种迁移阻力较小或穿越某一景观时做功最小的区域，将其作为白鹭的核心栖息地。

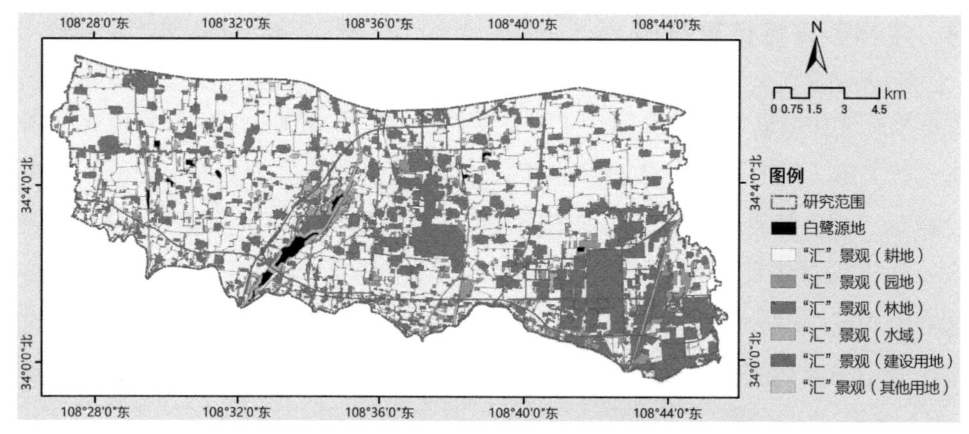

图5-32　基于地下水补给优化格局后的"汇"景观分布现状

图 5-33 所示为白鹭阻力面及其对应栅格数据直方图，本书选取直方图中第一个突变处（b_1=8790）的最小费用距离值作为白鹭潜在核心区划分的阈值，将这一区域作为白鹭的核心栖息地有利于该物种在异质景观中的迁移与扩散（图 5-34）。

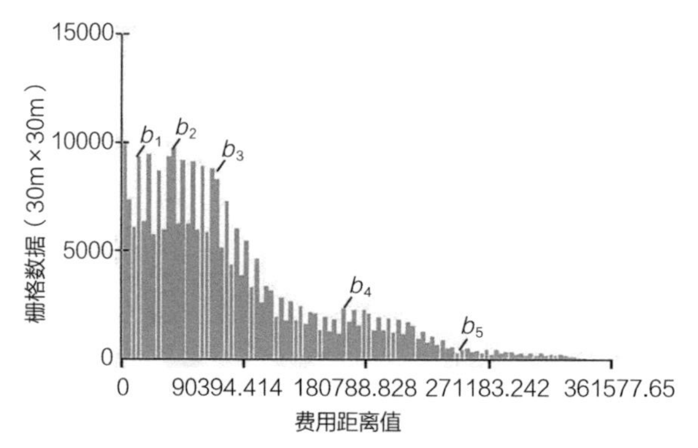

图5-33　白鹭的费用距离及其对应栅格数据直方图

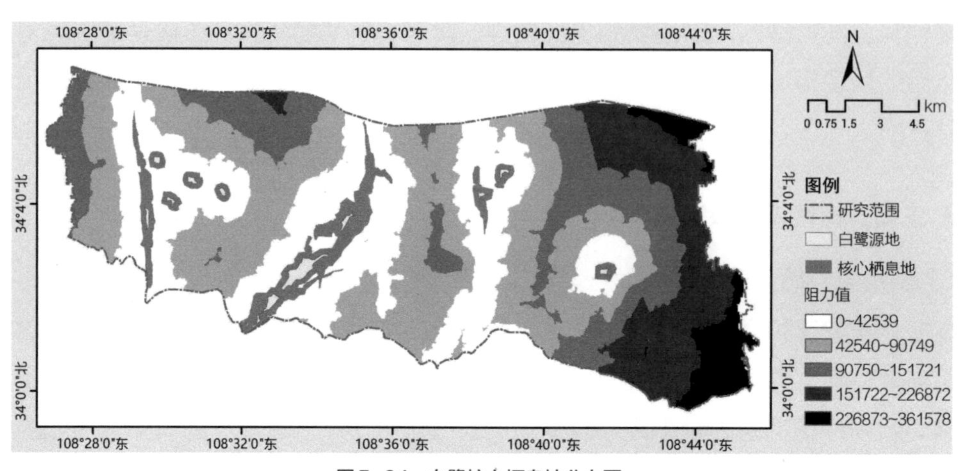

图5-34　白鹭核心栖息地分布图

由图 5-34 可知，白鹭核心栖息地主要为秦岭北麓鄠邑段各主要河道，所以，河道结构完整性修复是核心栖息地优化的关键。现状主要河道在历史上的土地整治运动中均被渠化，河漫滩生境丧失殆尽。河流廊道的生物栖息地、迁移通道等生态功能的核心载体是洪泛滩区湿地及植被带。洪泛滩区的湿地及植被带是重要的水陆生态交错带，往往形成物种富集区，其植被生境可以在干旱季节给许多动物提供庇护区和繁殖地，同时可以作为鸟类迁移途中的脚踏石 [293]。河道结构完整性修复策略包括洪泛滩区范围恢复、河堤改造及洪泛滩区生境恢复等：①恢复洪泛滩区必须考虑满足防洪安全的要求，其范围可以根据 50 年或 100 年一遇洪水淹没线确定；②河堤改造包括退堤增加洪泛滩区、软化堤岸；③洪泛滩区生境恢复措施包括河漫滩植被带修复、河滩湿地生境构建等（图 5-35）[293]。

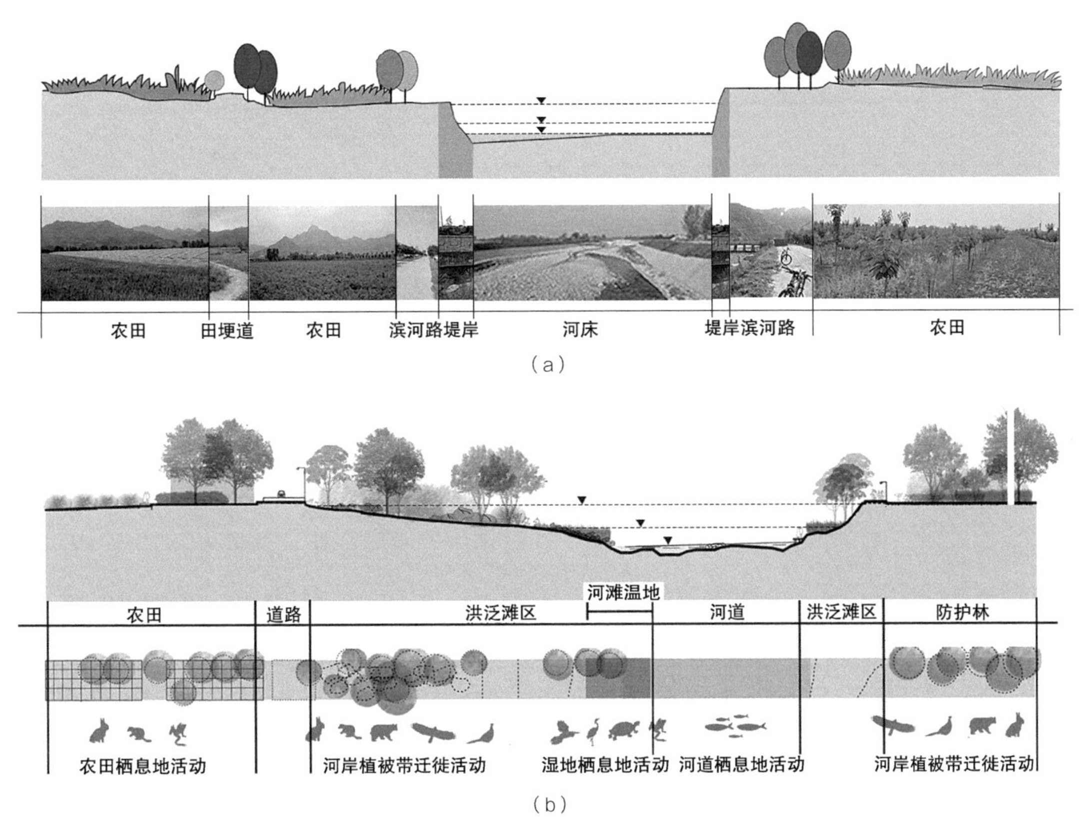

图 5-35　秦岭北麓鄠邑段核心栖息地——河道结构完整性修复
（a）河道现状；（b）河道结构完整性修复

2）划定缓冲区

缓冲区是围绕源地斑块周边的物种相对扩散的低阻力区 [215]，将外来影响限制在核心区之外，加强对核心区内生物的保护，是其最基本的功能 [303]。物种在缓冲区内移动所克服的阻力要相对大于核心区，所以缓冲区的阈值要大于核心区栖息地。但缓冲区合适范围的划定必须考虑其对核心区的收益成本及当地的土地利用矛盾，且如果将缓冲区范围扩展到一定边界之后，所增加面积的可利用性及其保护意义会急剧下降[215]。综合考虑白鹭扩散的阻力值和本场地的土地利用情况，图 5-33 中 b_2 是一个较为合适的、用来确定白鹭缓冲区范围的门槛值，其划定的缓冲区范围如图 5-36 所示。

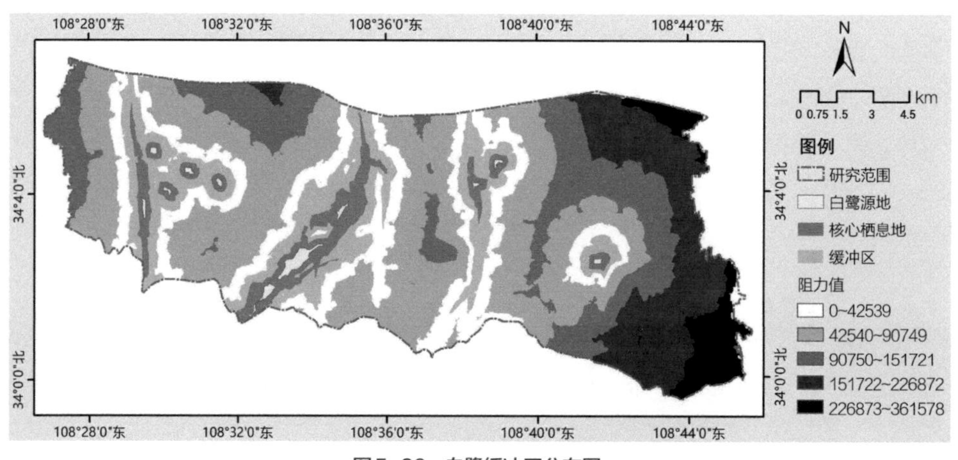

图5-36 白鹭缓冲区分布图

农田作为最大的区域景观基质，是建立生物保护缓冲区的主体[304]66。主要策略包括：对维持生物过程连续性的河流、防护林带、农田等景观要素进行保护；耕地、草地、园地等用地类型可进行保留，但其相关生产方式应满足生物栖息的要求；对缓冲区内的人工建设进行限制或者合理布局。

3）构建生态廊道

生态廊道是连接相邻生态源地的通道，在维持生态系统稳定、降低生境破碎化程度及保障景观要素之间生态过程畅通有序方面具有重要作用[305]。在最小费用距离模型建立的阻力面中，廊道是相邻“源地”之间的最小阻力通道。本书利用 ArcGIS 中的成本距离（Cost Distance）模块，以核心源地作为输入的“源”，以第 1）小节中针对土地利用构建的阻力值作为输入的成本栅格数据，分别计算每个核心源地到其他各源地的成本距离和成本回溯链接；在此基础上，利用 ArcGIS 中的成本路径（Cost Path）模块生成每两个核心源地之间的最小阻力路径，即生态廊道。根据最小费用距离模型，识别白鹭栖息地之间的生态廊道，如图 5-37 所示。

在生物多样性保护中，采用多宽的廊道通常是廊道构建的主要问题。不同目标物种的生物迁移廊道宽度也不同（图 5-38）[258，306]。对于鸟类来说，林带最小宽度为 30~35m 时方可发挥其生物多样性支撑功能[306，307]。研究区廊道在 30~60m 的宽度范

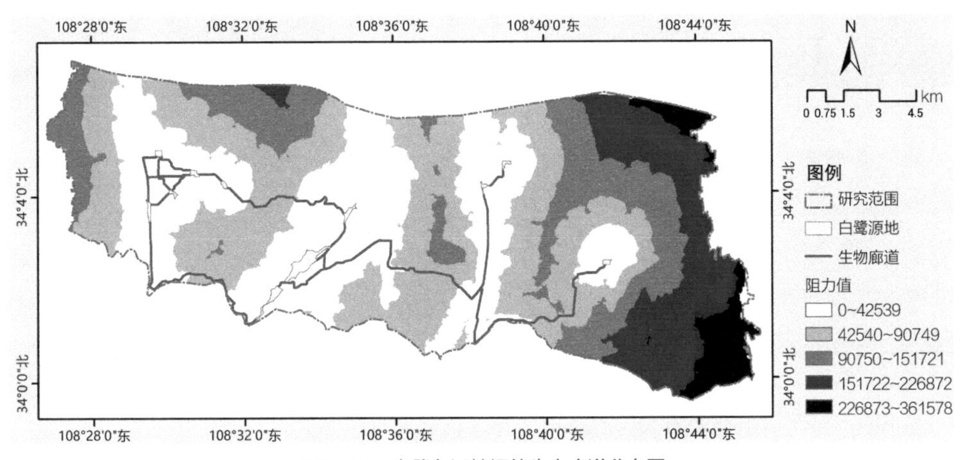

图5-37　白鹭各源地间的生态廊道分布图

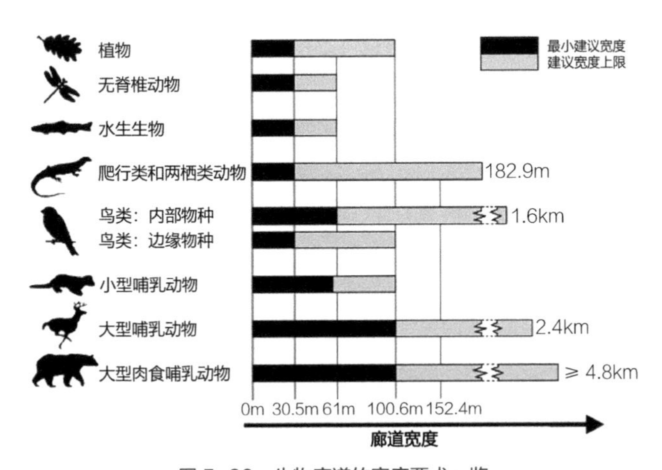

图 5-38　生物廊道的宽度要求一览
（资料来源：引自参考文献 [217]）

围内，对耕地侵占最少，建设用地对生态景观破碎化的影响较弱[308]。所以，本书设定30m为白鹭的迁徙廊道宽度。此外，生物廊道尽量与河流廊道、防护林体系相结合，使之具有生物保护、防护、减缓灾害等多重功能[304]66。

4）生态节点与生态断裂点

生态节点也称战略点，是指在景观空间中连接相邻生态源地的，并对生态流运行起关键作用的点，一般分布于生态廊道上生态功能最薄弱的区域[309]。生态节点的建设将有效地提高区域景观整体的连通程度，促进生态功能的健康循环[309]。在阻力面模型中，生态节点一般为最大累积耗费距离路径和最小耗费距离路径（即生态廊道）的交点，以及各生态廊道之间的相交点或转折点。其中，前者的识别方法如下：借鉴 GIS 空间分析模块中的水文分析方法，提取白鹭累积阻力面的“山脊线”，即阻力面阻隔生态流运行的最大阈值；然后通过栅格计算，获取“山脊线”与生态廊道的交点[305]（图 5-39）。

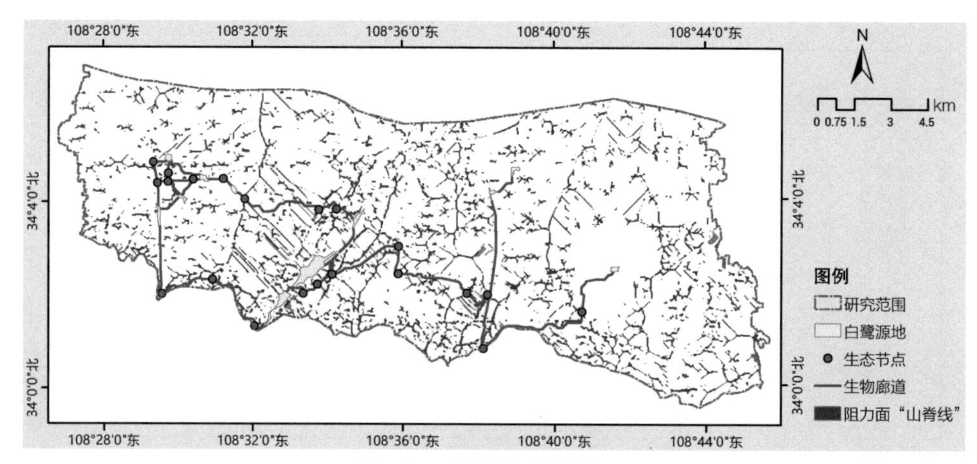

图5-39　白鹭生态节点分布图

现状交通道路网将景观格局切割成破碎化的生境斑块，使得连续的廊道产生一定空间范围的生态间隙，形成沿生态廊道散乱分布的生态断裂点[308，310]。这些由道路造成的生态断裂点阻断了廊道内部物种的正常流动与扩散。通过将研究区主要道路网与生态廊道网络叠加分析，在生态廊道上共识别出 25 个生态断裂点（图 5-40）。

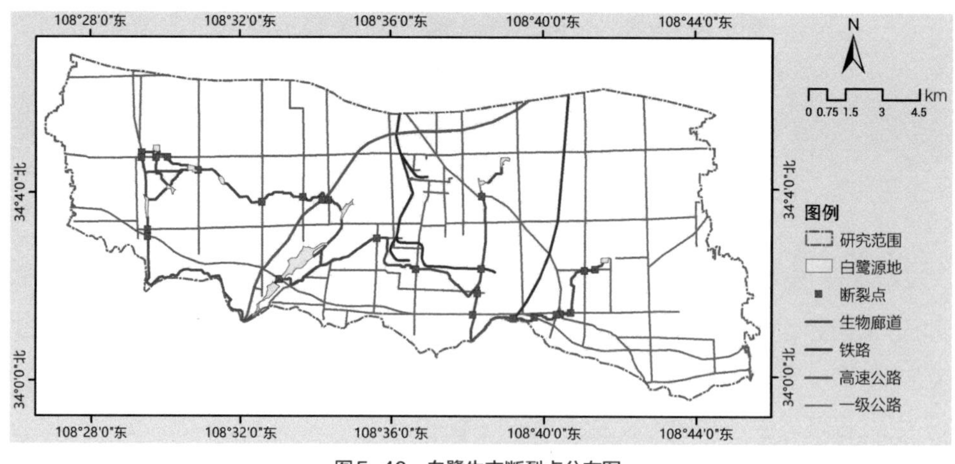

图5-40　白鹭生态断裂点分布图

断裂点修复主要通过设置地下通道、天桥等措施来提高生态廊道连接的质量（图 5-41）。通过设置地下穿越型或路上跨越型的生物通道，可以有效避免道路交通对生物迁移扩散活动的影响。但生物廊道断裂点修复需要实现廊道功能连通性，而非结构连通性。如图 5-42 所示，涵洞口应避免设置栅栏，以免阻碍动物穿越；涵洞口外设置植被丛比开阔场地更有利于动物穿越；道路架桥应保持河滩自然宽度与空间连续性[311]。

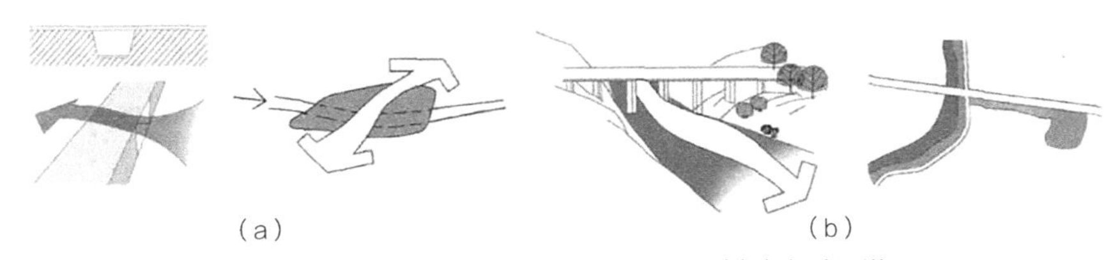

图 5-41　断裂点修复的两种策略——涵洞式与架桥式通道
(a) 涵洞式通道；(b) 架桥式通道
(资料来源：引自参考文献 [311])

图 5-42　断裂点两种修复策略的注意事项
a：涵洞口设置栅栏不利于动物穿越；b：涵洞口外设置植被丛比开阔场地更有利于动物穿越；
c：道路架桥应保持河滩自然宽度与空间连续性

3. 生物多样性恢复格局

根据核心栖息地、缓冲区、生物廊道、生态节点及断裂点等优化策略，得出生物多样性恢复格局，如图 5-43 所示。

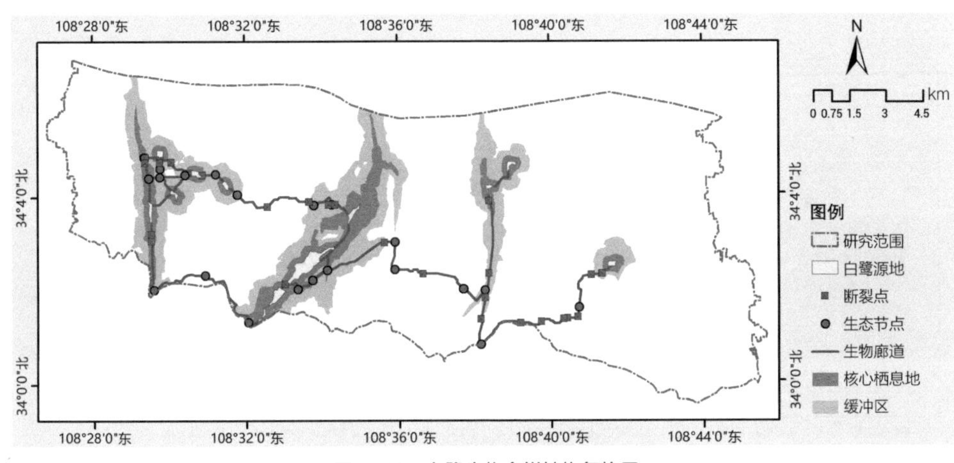

图5-43　白鹭生物多样性恢复格局

5.5.4 非点源污染控制格局

根据格局变化与养分迁移的相互作用关系可知，“汇”景观中斑块大小、廊道宽度是非点源污染控制格局优化的关键（图 5-44）。非点源污染的“汇”景观优化策略包括镶嵌“汇”景观、局部增补带形“汇”景观、提高原有“汇”景观消纳污染物的能力等[151]。根据基于 GIS 的 SCS 模型对养分 - 地表径流扩散过程进行分析的结果，非点源污染控制格局主要在产流重点区域对“汇”景观进行优化。

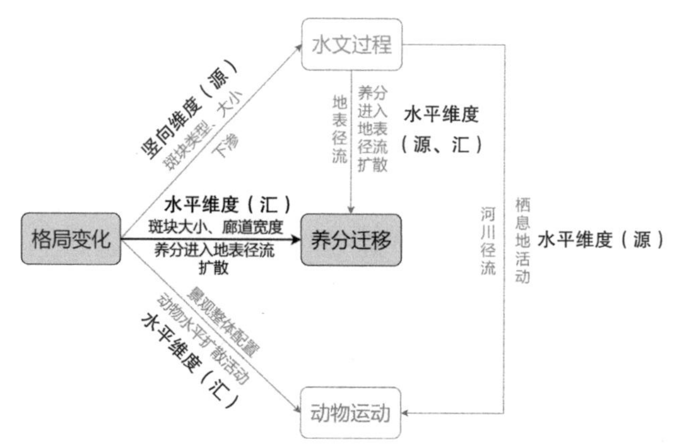

图 5-44 格局变化与养分迁移相互作用的关键变量

1. 养分 - 径流扩散过程“汇”景观分布现状

由第 4 章的分析可知，养分 - 地表径流扩散过程的“源”景观为耕地、园地，“汇”景观为林地、坑塘。由于养分迁移受水文过程的影响，所以，养分 - 地表径流扩散过程的“汇”景观应涵盖地下水补给优化格局中的景观类型，具体分布如图 5-45 所示。

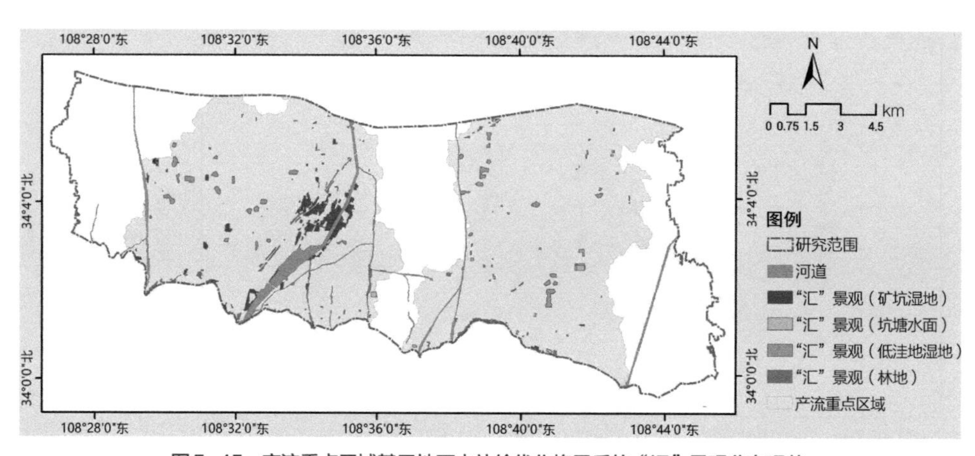

图 5-45 产流重点区域基于地下水补给优化格局后的“汇”景观分布现状

2. 非点源污染控制优化策略

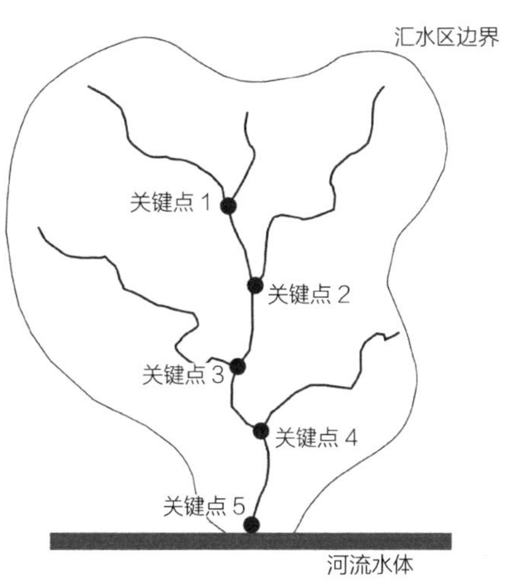

图5-46　非点源污染削减关键点识别示意图

1）镶嵌“汇”景观——湿地、涝池

研究证明，湿地是去除农业非点源污染的有效工具，自然和人工湿地中土壤及砂石通过吸附、截留、过滤等净化作用去除水中的氮、磷等成分[312, 313]。涝池作为关中农村地区一种典型的小型蓄水工程，也可以通过蓄滞雨水减少地表径流量、延缓径流速度，从而减少进入地表水体中养分的量。所以，可以在研究区域内地表径流汇流的关键点位置设置湿地和涝池控制非点源污染。

根据地形高程模型，通过径流产流与过程模拟分析，确定自然径流在地势低洼处的汇水点位置为非点源污染削减控制的关键点。非点源污染削减关键点识别如图 5-46 所示。

将 5.5.2 节提取的河网分级图矢量化，然后使用【要素折点转点】工具来捕捉各矢量线段的终点，即出水口的位置（图 5-47）。

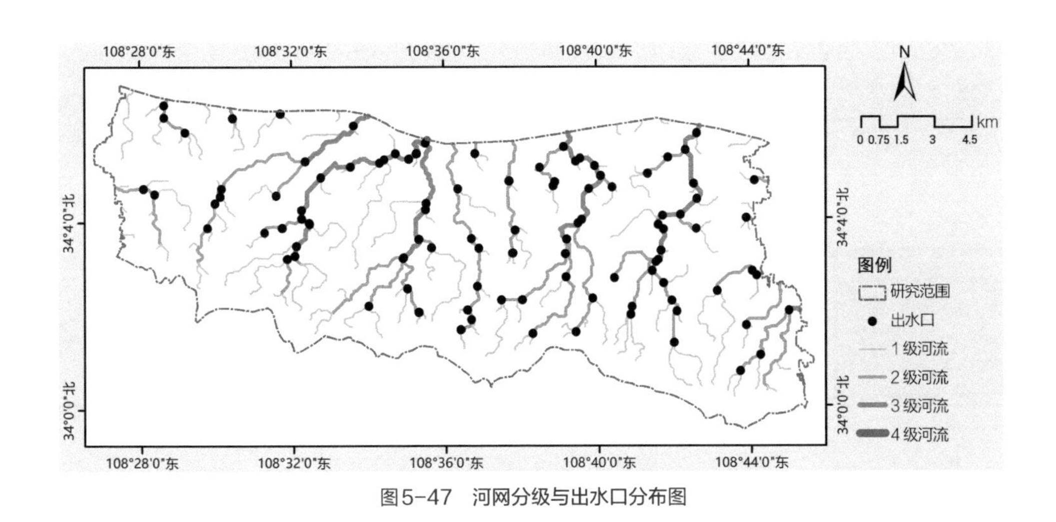

图5-47　河网分级与出水口分布图

根据非点源污染的“源”——耕地的分布，结合地表径流产流较高的重点区域对出水口进行筛选。选出关键出水口 109 个，设置湿地以削减非点源污染，如图 5-48 所示。

2）增补带形“汇”景观——农田复合廊道（防护林、树篱、溪沟）系统

农业景观中的防护林[314]126-127、树篱[315]、沟渠[316]等线状廊道可以控制地表径流，防止土壤侵蚀，有效拦截农田氮、磷等养分的迁移。防护林和树篱构成了地表水和浅层

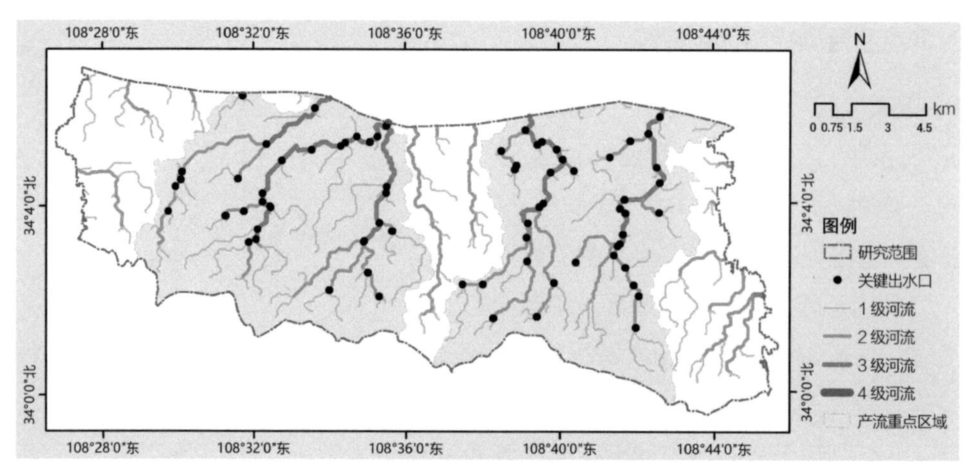

图5-48　河网分级与关键出水口分布图

地下水的屏障，可以增大水力糙率，减缓水流速度，从而控制地表径流、截留径流中的各种物质；沟渠是农田排水汇入河流和湖泊的通道，其生长的植物及渠底的沉积物可以有效去除 N、P。所以，合理设计防护林、沟渠有利于控制非点源污染的形成。

沟渠、林带等设计必须与农田、道路综合考虑和有机结合。以林、路、沟渠、田配套建设的农田林网是目前我国农田防护林的主要形式，这种配置形式占用耕地少，防护效果好，便于规划建设、科学管理、实现机械化，便于林带更新和形成长期稳定的林网系统与耕作系统[317]149。根据场地特征，将林带、溪沟结合现状田块和道路的布局进行综合设计，采用“一路两林四沟”的配置模式（图 5-49）。

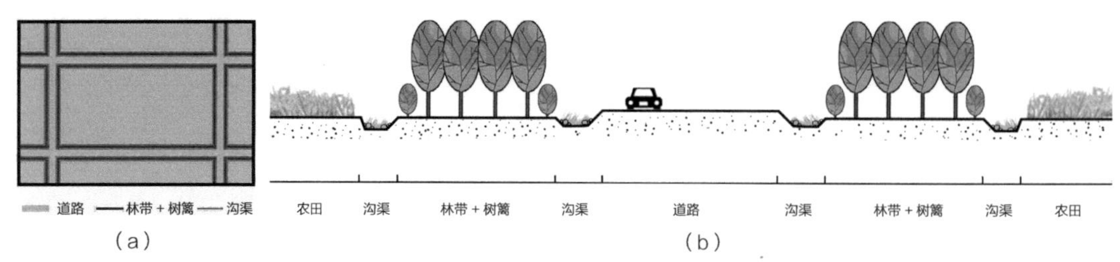

图 5-49　结合现状农田和道路的“田 - 沟 - 林 - 路”的配置模式

（a）平面图；（b）剖面图

参考相关文献研究成果[317~319]，设定农田防护林 / 树篱、溪沟的设计参数如下：①鄠邑平原区沿秦岭山麓常年受西风影响，所以本书研究区域防护林的主林带南北布置，副林带与之交叉；②主林带间距 300m，副林带间距 600m；③林带配置标准为 4 行，行距 2m，农田防护林宽度为 8m；④干边沟宽 2m，支边沟宽 1m。

3）增补带形“汇”景观——河岸植被缓冲带

河岸植被缓冲带被认为是控制非点源污染的最佳管理措施之一[207，320]。植被带过滤污染物的基本机理包括滞留径流中的沉积物和其携带的污染物、植被吸收养分、土壤中有机和无机成分对污染物的吸附及土壤微生物对污染物的降解、转化和固定[321]。本书研究区域诸多河道因为防洪及农田扩张导致河岸植被消失殆尽，所以可以通过在河岸构建植被缓冲带来有效控制来自岸边农田的非点源污染。

植被缓冲带构建必须确定两个要素：一是河岸植被缓冲带结构及植被类型；二是植被缓冲带宽度[322]。不同的植被类型对污染物的控制能力不同，乔木与草本混合的植被带能比单一草本植被带拦截总氮的效果高出14%[323]，所以一般采取复合植被带来控制污染物进入水体。河岸植被缓冲带结构及植被类型参照美国的REMM模型（The Riparian Ecosystem Management Model），可以将河岸植被缓冲带划分为三个区[324]：紧邻河流地带为1区，是以本地河岸乔木和灌丛为优势种的沿河条带；2区植被组成是各类本地河岸树种及灌丛；3区位于河岸带缓冲系统的最外侧，植被可为多年生的密植草地和非禾本科草本（图5-50）。

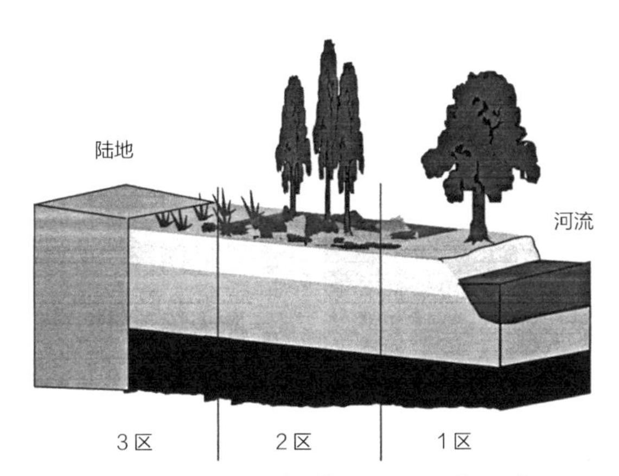

图5-50　河岸植被带1、2、3区分区示意
（资料来源：引自参考文献[327]）

Mayer等（2007）研究表明，植被缓冲带的宽度与氮的净化效果呈正相关[325]，但其有效控制非点源污染物的最小宽度值设定有较大争议，有3~5m、30~61m等不同的宽度值[207，326]。虽说“越宽越好”可能是对的，但当宽度超越某个特定值后，生态效果的增加越来越小[244]251-252。此外，在现实场地中河岸植被缓冲带往往受两岸可利用土地资源空间的限制，缓冲带的宽度不可能无限大。结合本书研究区域特征及相关文献[258，327]研究成果，本书设定流经村庄的河岸植被缓冲带宽度为30m、流经农田的河岸植被缓冲带最小宽度为30m（图5-51）。

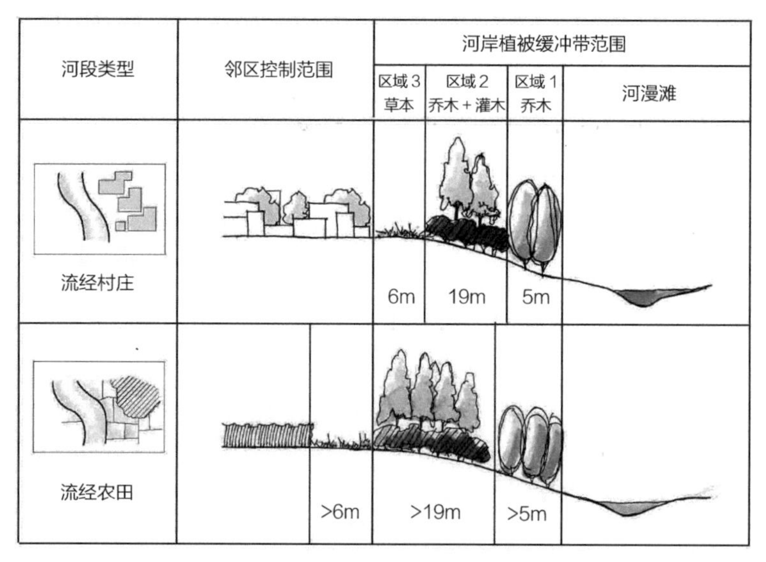

图 5-51　秦岭北麓鄠邑段河岸植被缓冲带设计导则

3. 非点源污染控制优化格局

根据设置关键出水口、农田复合廊道系统、河岸植被缓冲带等策略，可以得出本书研究区域非点源污染控制优化格局（图 5-52）。

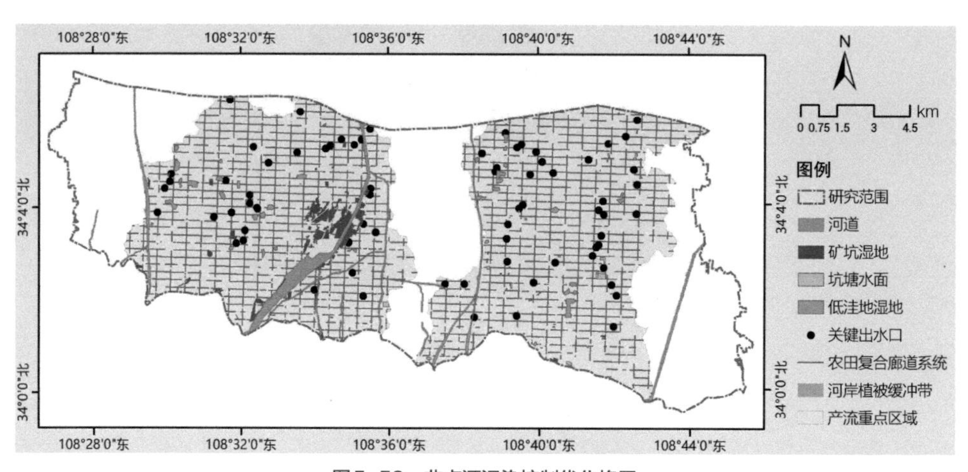

图5-52　非点源污染控制优化格局

5.6　本章小结

本章围绕秦岭北麓鄠邑段景观格局优化展开研究。根据第 4 章所揭示的多过程相互作用机制，构建了秦岭北麓鄠邑段景观格局优化的“四步骤”程序：步骤 1 景观功能评价—步骤 2 多过程相互作用系统分析—步骤 3 主导驱动过程关键变量分析及格局优化—步骤 4 被动响应过程关键变量分析及格局优化。

首先，根据第 4 章所构建的各景观要素的“格局 - 过程 - 功能”因果链条，提出了基于“格局 - 过程 - 功能”关系矩阵的生态功能评价指标体系，并通过层次分析法对秦岭北麓鄠邑段景观功能进行评价。评价结果显示，秦岭北麓鄠邑段景观功能处于较差的水平，地下水补给、生物多样性、非点源污染等三项功能问题最为突出，根据多过程相互作用机制，明确地下水垂直下渗过程、鸟类水平扩散过程及养分 - 地表径流扩散过程作为三类景观过程的关键变量。

其次，利用 GIS 叠图法对主导驱动过程的关键变量地下水垂直下渗过程进行分析，并提出地下水“留水”引渗格局的优化途径。通过 ArcGIS 实现区域地下水潜在补给区适宜性分析，在地下水适宜补给区（高、中适宜区）对入渗“源”景观斑块类型、大小进行优化，通过自然河床的保护与恢复、结合低洼地增加湿地、废弃矿坑改造为截洪引渗湿地等策略，得出地下水补给优化格局。

再次，将地下水调蓄格局作为输入格局，利用最小阻力累积模型、基于 GIS 的 SCS 模型分别对被动响应过程鸟类水平扩散过程、养分 - 地表径流扩散过程进行分析。

最后，基于关键过程的分析结果进行景观格局优化，根据核心栖息地、缓冲区、生物廊道、生态节点及断裂点等优化策略，得出生物多样性恢复格局；根据设置关键出水口、农田复合廊道系统、河岸植被缓冲带等策略，得出本书研究区域非点源污染控制优化格局。

6 结论与展望

6.1 主要结论与创新点

6.1.1 建构了“格局变化 - 自然过程 - 功能变化”理论分析框架

本书基于景观生态学、风景园林学及系统科学等学科相关基础理论，构建了“格局变化 - 自然过程 - 功能变化”理论分析框架（图 6-1）：①景观格局变化作为人文过程及其结果的直接空间表达形式，其空间变化具有阶段性特征；②某一阶段格局（斑块、廊道、景观整体配置）变化与自然过程之间、自然过程与自然过程之间存在非线性相互作用关系；③格局在变化中不断与自然过程之间相互作用表现为景观功能变化，人类根据功能变化进一步干扰或改变格局以实现相关功能需求。

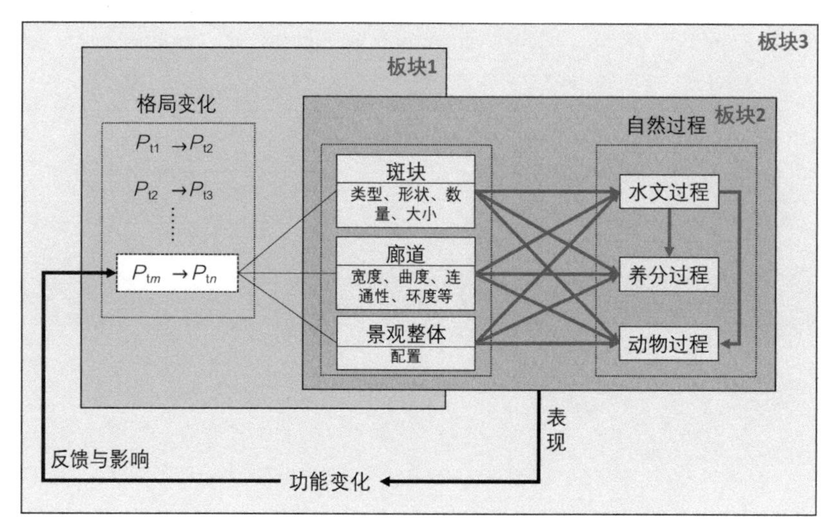

图 6-1 “格局变化 - 自然过程 - 功能变化”理论分析框架

6.1.2 揭示了秦岭北麓鄠邑段多过程之间的非线性相互作用机制

本书通过情境化变量关系研究法分析不同过程之间的相互作用关系，揭示了多个过程之间的非线性相互作用机制。通过分析格局变化与自然过程、自然过程与自然过程之间的相互作用关系，可以发现多过程相互作用系统的整体特征为：①景观格局变化与水文过程是相互作用系统的主导驱动过程；②景观格局变化引发水文、养分、动物等自然过程变化；③由于研究区域特殊的水文地质结构，水文过程在相互作用系统中扮演着双重角色。一方面，水文过程是导致其他自然过程变化的主导驱动过程；另一方面，水文过程又是随景观格局变化的被动响应过程。在秦岭北麓鄠邑段现实景观中，养分迁移及动物运动在景观空间格局中的流动不仅受“汇”景观要素的控制，同时还受水文过程的驱动影响。由于水文过程与养分迁移及动物运动之间存在因果关系，所以，水文过程的合理运行是维持养分迁移及动物运动健康有序的前提。

既有研究主要聚焦于两两过程之间的相互关系，缺乏多过程之间的相互作用机制探讨，无法系统地为空间规划提供有效的科学支撑。本书基于格局－过程关系原理、景观演变理论及系统科学非线性相互作用原理，利用情境化变量关系分析法，从分析格局变化与自然过程、自然过程与自然过程之间的因果作用关系入手，揭示了多个过程之间、多过程与格局、格局－过程－功能因果链条等作用机制。对多过程相互作用机制的探讨，既为认识秦岭北麓鄠邑段景观运行的客观规律提供了有效支撑，同时又丰富了现代风景园林规划理论中的实质性理论（Substantive Theories）。

6.1.3 提出了基于多过程非线性相互作用机制的景观格局优化方法

根据多过程相互作用机制，秦岭北麓鄠邑段景观格局优化方法主要包括功能评价、过程分析与格局优化三大板块，具体步骤为：步骤 1 景观功能评价，步骤 2 多过程相互作用系统分析，步骤 3 主导驱动过程关键变量分析及格局优化，步骤 4 被动响应过程关键变量分析及格局优化。

本书基于秦岭北麓鄠邑段多过程相互作用机制，提出了相关格局优化方法，为秦岭北麓生态服务功能恢复与提升提供指导。既有基于格局过程关系原理的景观空间优化方法多是基于单一过程分析的优化方法，忽视了过程与过程之间存在的复杂非线性相互作用关系。所以，本书的探索有助于丰富风景园林规划的理论与方法体系。

本书所提出的基于多过程相互作用机制的景观格局优化方法前提假设在于：在现实景观中，多个景观过程之间存在复杂的非线性相互作用关系。以景观安全格局为代表的景观格局优化方法是基于多个过程线性叠加关系的优化方法，其不同过程之间的关系是独立不相干的。这是本书的研究方法不同于当前基于多个过程线性叠加关系的格局优化方法的根本所在（图 6-2）。

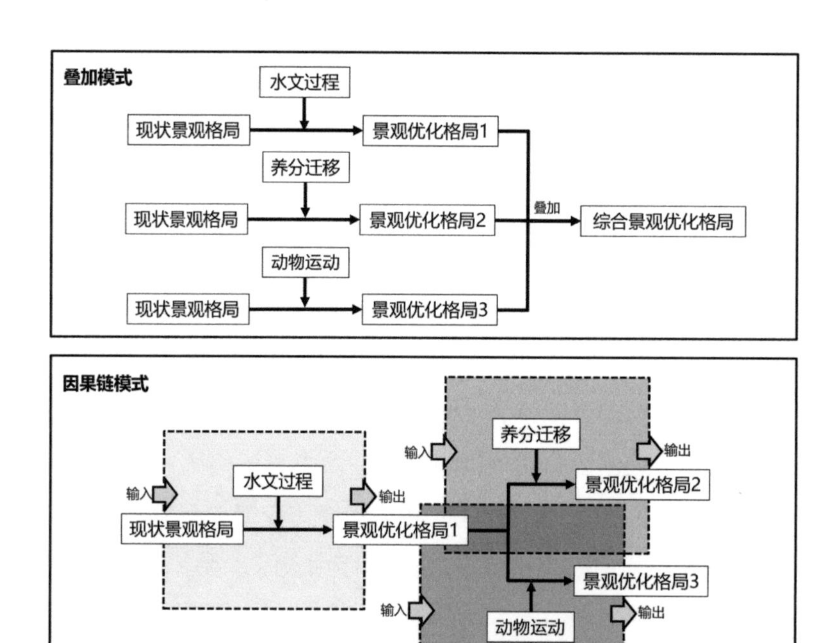

图6-2 两种不同景观格局优化模式比较

6.2 研究展望

6.2.1 多过程相互作用机制需要进一步的学科交叉研究

多过程相互作用机制是在地理学、生态学、水文学、地质学等基础学科的知识、理论及研究成果中提炼与揭示出来的，其难点在于这些相关基础科学知识能否有效迁移到具体场景中，而这往往依赖于研究者对它们的理解程度。本书提出的情境化变量关系分析法正是尝试构建基础科学知识与规划实践之间的桥梁，努力平衡所揭示理论的严谨性与相关性。但在基础科学理论空间化、可视化的过程中仍不可避免有意无意地将复杂的生态系统简单化、图示化，容易造成一些重要的信息被忽视。

由于景观的内在多功能性（包括自然、经济与文化等维度），景观的研究与实践必然要求一个学科交叉和跨学科的途径。但因学界态度、语言交流、定性与定量研究分离、同行评议等问题，景观研究与实践中的学科交叉障碍重重。学科交叉的不充分直接限制了自然科学的知识向实践转换的有效性。以景观生态学为例，早期景观生态学被视为生态学的分支，排斥社会科学中关于人类行为、价值观、意识等分析，导致无法正确认识人类与自然耦合系统的动态变化，阻碍了景观生态学指导景观实践实现可持续的能力。由于学科间有效交流的缺失，必然会出现自然科学家与规划师之间的认知鸿沟。所以，提升自然科学知识向实践转换的有效性需要相关学科领域研究人员的共同参与，尽管行之不易，但意义甚大。

6.2.2 多过程相互机制的研究时间尺度需要扩大

本书最基本的目标在于解决秦岭北麓的现实问题，所以，多过程相互作用机制研究的时间尺度从现实问题产生（即城市化快速扩张开始）至今。景观格局变化一般认为是由自然过程和人文过程共同驱动的，景观格局变化引发自然过程的变化，自然过程的变化反过来会影响景观格局的改变。由于本书的时间尺度较短，景观格局 - 自然过程相互作用并未形成闭合的反馈环。

一个时期的文化和自然过程塑造了景观的外在形式，景观的外在形式又对后来的人类活动产生影响。但这些塑造景观又被景观影响的过程在数十年内常常无法被人们感知到其变化趋势，而是通常隐含于所谓的“不可见之存在”中[328]。此外，这些过程与景观格局相互作用的影响具有明显的时滞效应，如物种多样性对格局变化的响应需要多年以后才能显现出来。所以，对一个时期的多过程相互作用机制研究只有将其置于历史演化过程的背景之中，才能理解其导致景观变化的潜在原因以及促使景观成为当前状态的历史途径。

参考文献

[1] 《地图上的秦岭》编纂委员会 . 地图上的秦岭 [M]. 西安：西安地图出版社，2014.

[2] 郁兵，石靖，王波 . 秦岭北坡鄠邑段浅山区动物多样性研究初探 [J]. 林业调查规划，2018，43（5）：45-49，55.

[3] 冯武焕，吕爽，王虎，等 . 西安市菜田化肥农药施用现状调查与分析 [J]. 中国农学通报，2016，32（31）：143-146.

[4] 戴相林，刘瑞，周建斌，等 . 秦岭北麓地区农田土壤养分平衡状况演变分析 [J]. 西北农林科技大学学报（自然科学版），2012，40（3）：191-199，205.

[5] 段磊，王文科，杨晓婷，等 . 关中盆地浅层地下水氮污染的时空变化规律及其防治措施 [J]. 干旱区资源与环境，2011，25（8）：133-137.

[6] 杜娟，李怀恩，李家科 . 基于实测资料的输出系数分析与陕西沣河流域非点源负荷来源探讨 [J]. 农业环境科学学报，2013，32（4）：827-837.

[7] 岑晓腾 . 土地利用景观格局与生态系统服务价值的关联分析及优化研究 [D]. 杭州：浙江大学，2016.

[8] 傅伯杰，张立伟 . 土地利用变化与生态系统服务：概念、方法与进展 [J]. 地理科学进展，2014，33（4）：441-446.

[9] FU B J，CHEN L D，MA K M，et al. The relationships between land use and soil conditions in the hilly area of the loess plateau in northern Shaanxi，China[J]. Catena，2000，39（1）：69-78.

[10] 裴丹 . 绿色基础设施构建方法研究述评 [J]. 城市规划，2012，36（5）：84-90.

[11] 栾博，柴民伟，王鑫 . 绿色基础设施研究进展 [J]. 生态学报，2017，37（15）：5246-5261.

[12] 俞孔坚，王思思，李迪华 . 区域生态安全格局：北京案例 [M]. 北京：中国建筑工业出版社，2012：5163-5175.

[13] 闫攀，车伍，赵杨，等 . 绿色雨水基础设施构建城市良性水文循环 [J]. 风景园林，2013，103（2）：32-37.

[14] 刘颂，谌诺君 . 绿色基础设施水文调节服务的供给机制及提升途径 [J]. 风景园林，2019，26（2）: 82-87.

[15] 陈思清，汪洁琼，王南 . 融合景观连通性的城镇规划与生物多样性生态服务效能优化 [J]. 风景园林，2017，138（1）: 66-81.

[16] 傅微，俞孔坚 . 基于生态安全格局的城市大规模绿化方法：北京百万亩平原生态造林 [J]. 城市规划，2018，42（12）: 125-131.

[17] 韩文权，常禹，胡远满，等 . 景观格局优化研究进展 [J]. 生态学杂志，2005，24（12）: 1487-1492.

[18] 赵军 . 平原河网地区景观格局变化与多尺度环境响应研究 [D]. 上海：华东师范大学，2008.

[19] FU B J，WANG SH，SU CH H，et al. Linking ecosystem processes and ecosystem services[J]. Current opinion in environmental sustainability，2013，5（1）: 4-10.

[20] 叶林，邢忠，颜文涛 . 生态导向下城市边缘区规划研究 [J]. 城市规划学刊，2011（6）: 76-84.

[21] 杨松茂，任燕 . 秦岭北麓“峪口型地域”深层次开发研究 [J]. 西北大学学报（哲学社会科学版），2009，39（5）: 55-59.

[22] 赵珂，夏清清 . 以小流域为单元的城市水空间体系生态规划方法：以州河小流域内的达州市经开区为例 [J]. 中国园林，2015，31（1）: 41-45.

[23] 弗雷德里克·斯坦纳（Frederick Steiner）. 生命的景观：景观规划的生态学途径 [M]. 2 版 . 周年兴，等，译 . 北京：中国建筑工业出版社，2004.

[24] KRUMMEL J R，GARDNER R H，SUGIHARA G，et al. Landscape patterns in a disturbed environment[J]. Oikos，1987，48（3）: 321.

[25] 何果佑，陈春，刘亚东 . 论洪积扇的地质特征与人类社会经济发展的关系 [J]. 资源环境与工程，2009，23（5）: 628-632.

[26] 谢晖，周庆华 . 秦岭北麓冲洪积扇区环境影响下传统村落布点特征初探 [J]. 干旱区资源与环境，2016，30（12）: 66-72.

[27] 朴昌根 . 系统学基础 [M]. 上海：上海辞书出版社，2005.

[28] 董文翰 . 撤县设区对地方政府土地财政依赖度影响的研究：基于地级市面板数据的实证分析 [J]. 宁夏大学学报（人文社会科学版），2018，40（Z1）: 123-129.

[29] 曹萍，任建兰 . 大城市郊县改区土地利用空间格局演化与驱动因素研究：以山东省济南市长清区为例 [J]. 国土资源科技管理，2016，33（5）: 1-8.

[30] 增设风景园林学为一级学科论证报告 [J]. 中国园林，2011，27（5）: 4-8.

[31] 苏智良，吴俊范 . 景观的历史表述及其路径：兼论“上海城市人文历史地图”的制作和运用 [J]. 史学理论研究，2010（3）: 100-109，160.

[32] 邬建国 . 景观生态学中的十大研究论题 [J]. 生态学报，2004（9）: 2074-2076.
[33] 傅伯杰，吕一河，陈利顶，等 . 国际景观生态学研究新进展 [J]. 生态学报，2008（2）: 798-804.
[34] 陈利顶，李秀珍，傅伯杰，等 . 中国景观生态学发展历程与未来研究重点 [J]. 生态学报，2014，34（12）: 3129-3141.
[35] WU J G. Key concepts and research topics in landscape ecology revisited: 30 years after the Allerton Park workshop[J]. Landscape ecology，2013，28（1）: 1-11.
[36] FU B J，LIANG D，LU N. Landscape ecology: coupling of pattern，process，and scale[J]. [s.l.]: Science Press，2011，21（4）: 385-391.
[37] 赵文武，王亚萍 .1981—2015 年我国大陆地区景观生态学研究文献分析 [J]. 生态学报，2016，36（23）: 7886-7896.
[38] TERMORSHUIZEN J W，OPDAM P. Landscape services as a bridge between landscape ecology and sustainable development[J]. Landscape ecology，2009，24（8）: 1037-1052.
[39] WU J G. Landscape sustainability science: ecosystem services and human well-being in changing landscapes[J]. Landscape ecology，2013，28（6）: 999-1023.
[40] 范昊，赵文武，丁婧祎 . 连接景观异质性与社会环境系统: 2017 年美国景观生态学年会（The US-IALE 2017 Annual Meeting）会议述评 [J]. 生态学报，2017，37（14）: 4919-4922.
[41] 傅伯杰，赵文武，陈利顶 . 地理 - 生态过程研究的进展与展望 [J]. 地理学报,2006,61（11）: 1123-1131.
[42] 丁永建，周成虎，邵明安，等 . 地表过程研究进展与趋势 [J]. 地球科学进展，2013，28（4）: 407-419.
[43] 程国栋，肖洪浪，傅伯杰，等 . 黑河流域生态 - 水文过程集成研究进展 [J]. 地球科学进展，2014，29（4）: 5-11.
[44] 左其亭，郭丽君，平建华，等 . 干旱区流域水文 - 生态过程耦合分析与模拟研究框架 [J]. 南水北调与水利科技，2012，10（1）: 114-117，132.
[45] 陈向东 . 陆面水文模型与碳氮生物地球化学循环的耦合与应用研究 [D]. 北京: 中国科学院研究生院，2011.
[46] KLIJN F，WITTE J P M. Eco-hydrology: groundwater flow and site factors in plant ecology[J]. Hydrogeology journal，1999，7（1）: 65-77.
[47] 占车生，宁理科，邹靖，等 . 陆面水文 - 气候耦合模拟研究进展 [J]. 地理学报，2018，73（5）: 109-121.

[48] 汤秋鸿，黄忠伟，刘星才，等．人类用水活动对大尺度陆地水循环的影响 [J]. 地球科学进展，2015，30（10）: 21-29.

[49] 赵文智，程国栋．生态水文学：揭示生态格局和生态过程水文学机制的科学 [J]. 冰川冻土，2001，23（4）: 120-127.

[50] WOOD P J，HANNAH D M，SADLER J P. Hydroecology and ecohydrology: past，present and future[M]. Hoboken: Wiley Online Library，2007: 317-337.

[51] 陈敏建，王浩，王芳．内陆干旱区水分驱动的生态演变机理 [J]. 生态学报，2004，24（10）: 20-26.

[52] 李书娟，曾辉．遥感技术在景观生态学研究中的应用 [J]. 遥感学报，2002，6（3）: 233-240.

[53] 吴传钧．论地理学的研究核心：人地关系地域系统 [J]. 经济地理，1991（3）: 1-6.

[54] 刘慧，金凤君，王传胜，等．人文地理过程内涵辨析与模拟探讨 [J]. 人文地理,2010,25(4): 7-11.

[55] 黄耿志，冷疏影．国家自然科学基金推动下的中国人文地理学发展 [J]. 地理学报，2018，73（3）: 578-594.

[56] 于兴修，杨桂山，王瑶．土地利用 / 覆被变化的环境效应研究进展与动向 [J]. 地理科学，2004（5）: 627-633.

[57] 万炜，魏伟，钱大文，等．土地利用 / 覆被变化的环境效应研究进展 [J]. 福建农林大学学报（自然科学版），2017，46（4）: 361-372.

[58] 张新荣，刘林萍，方石，等．土地利用、覆被变化（LUCC）与环境变化关系研究进展 [J]. 生态环境学报，2014，23（12）: 2013-2021.

[59] AHERN J. Spatial concepts，planning strategies，and future scenarios: a framework method for integrating landscape ecology and landscape planning[M]//Landscape ecological analysis. New York: Springer，1999.

[60] 于冰沁．寻踪：生态主义思想在西方近现代风景园林中的产生、发展与实践 [D]. 北京：北京林业大学，2012.

[61] 伊恩·伦诺克斯·麦克哈格（Ian Lennox McHarg）. 设计结合自然 [M]. 芮经纬，译．天津：天津大学出版社，2006.

[62] JOHN L，JOAN W. Design for human ecosystems: landscape，land use，and natural resources[M]. Washington: Island Press，1985: 291-292.

[63] LEITAO A B，AHERN J. Applying landscape ecological concepts and metrics in sustainable landscape planning[J]. Landscape and urban planning，2002，59（2）: 65-93.

[64] YU K J. Security patterns and surface model in landscape ecological planning[J]. Landscape and urban planning，1996，36（1）: 1-17.

[65] 俞孔坚，王思思，李迪华，等 . 北京市生态安全格局及城市增长预景 [J]. 生态学报，2009，29（3）: 1189-1204.

[66] 彭建，赵会娟，刘焱序，等 . 区域生态安全格局构建研究进展与展望 [J]. 地理研究，2017，36（3）: 407-419.

[67] 王云才 . 图示语言：景观地方性表达与空间逻辑的新范式 [M]. 北京：中国建筑工业出版社，2018: 119.

[68] 杨亚慧 . 基于 SWAT 模型的西安市秦岭北麓流域径流分析 [D]. 西安：长安大学，2015.

[69] 张荔，解宝民，王晓昌 . 基于地理信息的渭河流域陕西片降雨径流模拟 [J]. 西安科技大学学报，2007，99（3）: 396-400.

[70] 姚炳光 . 城市化进程对西安市水系变化与水文特征的影响 [D]. 西安：长安大学，2018.

[71] 孙艳群 . 渭河流域陕西片降雨与径流特性研究 [D]. 西安：西安建筑科技大学，2005.

[72] 马新萍，白红英，侯钦磊，等 .1959 年至 2010 年秦岭灞河流域径流量变化及其影响因素分析 [J]. 资源科学，2012，34（7）: 1298-1305.

[73] 王文科，王钊，孔金玲，等 . 关中地区水资源分布特点与合理开发利用模式 [J]. 自然资源学报，2001，16（6）: 499-504.

[74] 王文科，孔金玲，王钊，等 . 关中盆地秦岭山前地下水库调蓄功能模拟研究 [J]. 水文地质工程地质，2002（4）: 5-9.

[75] 康卫东，仇小强，李文鹏，等 . 秦岭山前截洪引渗与地下水库调蓄及其协同效应研究 [J]. 水文地质工程地质，2011，38（2）: 8-13，26.

[76] 仇小强 . 秦岭山前截洪引渗与地下水库调蓄功能研究 [D]. 西安：西北大学，2006.

[77] 张倩 . 渭河关中段雨洪地下调蓄模式研究 [D]. 西安：长安大学，2014.

[78] 张薇 . 雨洪地下调蓄保障河流生态基流的理论与技术研究：以渭河流域为例 [D]. 西安：长安大学，2015.

[79] 康华，王友林，金光 . 基于地下水回灌试验及数值模拟的秦岭山前洪积扇地下水库调蓄功能研究 [J]. 水资源与水工程学报，2014，25（1）: 140-143.

[80] 胥彦玲，秦耀民，李怀恩，等 .SWAT 模型在陕西黑河流域非点源污染模拟中的应用 [J]. 水土保持通报，2009，29（4）: 114-117，219.

[81] 李家科，杨静媛，李怀恩，等 . 基于 SWAT 模型的陕西沣河流域非点源污染模拟 [J]. 水资源与水工程学报，2012，23（4）: 11-17.

[82] 赵串串，章青青，冯倩，等 . 基于农业非点源污染模型的灞河流域径流模拟与分析 [J]. 环境污染与防治，2018，40（4）: 460-464.

[83] 齐苑儒，李怀恩，李家科，等 . 西安市非点源污染负荷估算 [J]. 水资源保护，2010，26（1）：9-12，74.
[84] 薛素玲 . 基于 GIS 的黑河流域非点源氮磷模拟 [D]. 西安：西安理工大学，2006.
[85] 王莉，黄懿梅，丁瑶，等 . 秦岭北麓小流域地面水质特征及农业面源污染负荷 [J]. 西北农林科技大学学报（自然科学版），2015，43（1）：159-168.
[86] 陈曦，王雪松，贺京哲，等 . 模拟降雨条件下秦岭北麓土壤磷素流失特征 [J]. 水土保持学报，2016，30（2）：80-87.
[87] 郭泽慧，刘洋，黄懿梅，等 . 降雨和施肥对秦岭北麓俞家河水质的影响 [J]. 农业环境科学学报，2017，36（1）：158-166.
[88] 张晓佳，康婷婷，陈竹君，等 . 秦岭北麓“坡改梯”农田土壤养分状况研究：以周至县余家河小流域为例 [J]. 西北农林科技大学学报（自然科学版），2015，293（2）：174-180，186.
[89] 高学斌，赵洪峰，罗时有，等 . 西安地区鸟类区系 30 年的变化 [J]. 动物学杂志，2008（6）：32-42.
[90] 武宝花 . 西安市鸟类群落结构及影响因素研究 [D]. 西安：陕西师范大学，2011.
[91] 徐沙，许志强，崔进，等 . 城市化对西安市不同景观鸟类多样性的影响 [J]. 野生动物，2013，34（6）：327-330.
[92] 张鹏 . 基于景观安全格局的秦岭北麓太平峪片区景观规划策略研究 [D]. 西安：西安建筑科技大学，2014.
[93] 康世磊 . 秦岭太平河平原区段河流健康评价及格局化研究 [D]. 西安：西安建筑科技大学，2015.
[94] 冯若文 . 自然过程连续性导向的秦岭北麓太平河生态修复规划策略 [D]. 西安：西安建筑科技大学，2016.
[95] 张聪 . 基于格局与过程关系的秦岭北麓涝峪段空间格局优化方法研究 [D]. 西安：西安建筑科技大学，2018.
[96] 杨雨璇 . 秦岭北麓鄠邑区段太平峪片区情景规划方法研究 [D]. 西安：西安建筑科技大学，2018.
[97] 郭翔宇 . 基于生态服务评价的秦岭北麓甘河流域保护性利用研究 [D]. 西安：西安建筑科技大学，2018.
[98] 周艳飞，刘章勇，李大勇，等 . 农田生物多样性快速评价方法及应用 [J]. 生态科学，2017（4）：244-248.
[99] 李令福 . 中国历史地理学的理论体系、学科属性与研究方法 [J]. 中国历史地理论丛，2000（3）：215-234，253.

[100] 傅伯杰，陈利顶，马克明，等．景观生态学原理及应用 [M]. 北京：科学出版社，2011.
[101] SWETNAM T W，ALLEN C D，BETANCOURT J L. Applied historical ecology：using the past to manage for the future[J]. Ecological applications，1999，9（4）：1189-1206.
[102] 周秋文，苏维词，陈书卿．基于景观指数和马尔科夫模型的铜梁县土地利用分析 [J]. 长江流域资源与环境，2010，19（7）：770-775.
[103] 李忠锋，王一谋，冯毓荪，等．基于 RS 与 GIS 的榆林地区土地利用变化分析 [J]. 水土保持学报，2003，17（2）：97-99，140.
[104] 邬建国．景观生态学：格局、过程、尺度与等级 [M]. 二版．北京：高等教育出版社，2007.
[105] 李际．生态学假说判决性实验的验证方法 [J]. 科技导报，2016，34（13）：93-98.
[106] KNIGHT A，COWLING R M，CAMPBELL B M. An operational model for implementing conservation action[J]. Conservation biology：the journal of the society for conservation biology，2006，20（2）：19-408.
[107] 吴国盛．什么是科学 [M]. 广州：广东人民出版社，2016.
[108] 颜文涛，王云才，象伟宁．城市雨洪管理实践需要生态实践智慧的引导 [J]. 生态学报，2016，36（16）：4926-4928.
[109] 维之．论因果关系的定义 [J]. 青海社会科学，2001（1）：117-121.
[110] 刘骥，张玲，陈子恪．社会科学为什么要找因果机制：一种打开黑箱、强调能动的方法论尝试 [J]. 公共行政评论，2011，4（4）：50-84，179.
[111] 林毅夫．关于经济学方法论的对话 [J]. 东岳论丛，2004（5）：5-30.
[112] 王玉成，谷冠鹏．科学理论：特征、结构及其基本价值：兼谈如何学习科学理论 [J]. 河北大学成人教育学院学报，2002，4（3）：19-22.
[113] 萨米尔·奥卡沙．科学哲学：牛津通识读本 [M]. 南京：译林出版社，2009.
[114] NELSON H G，STOLTERMAN E. The design way：intentional change in an unpredictable world：foundations and fundamentals of design competence[M]. Second Edition. Cambridge：The MIT Press，2003：31.
[115] 崔允漷，王中男．学习如何发生：情境学习理论的诠释 [J]. 教育科学研究，2012，208（7）：28-32.
[116] 贾义敏，詹春青．情境学习：一种新的学习范式 [J]. 开放教育研究，2011，17（5）：29-39.
[117] LAUSCH A，BLASCHKE T，HAASE D，et al. Understanding and quantifying landscape structure：a review on relevant process characteristics，data models and landscape metrics[J]. Elsevier B.V.，2015，295：31-41.

[118] MCGARIGAL K，CUSHMAN S A. The gradient concept of landscape structure：or，why are there so many patches[DB/OL]. Available at the following website：http：//www. Umass. Edu/landeco/pubs/pubs. html，2002.
[119] 苏常红，傅伯杰 . 景观格局与生态过程的关系及其对生态系统服务的影响 [J]. 自然杂志，2012，292（5）：33-39.
[120] 王计平，陈利顶，汪亚峰 . 黄土高原地区景观格局演变研究综述 [J]. 地理科学进展，2010，29（5）：535-542.
[121] 李双成 . 自然地理学研究范式 [M]. 北京：科学出版社，2013.
[122] 陈利顶，傅伯杰，赵文武 ."源""汇"景观理论及其生态学意义 [J]. 生态学报，2006，26（5）：150-155.
[123] 周志翔 . 景观生态学基础 [M]. 北京：中国农业出版社，2007.
[124] 吕一河，陈利顶，傅伯杰 . 景观格局与生态过程的耦合途径分析 [J]. 地理科学进展，2007（3）：3-12.
[125] 傅伯杰，陈利顶，王军，等 . 土地利用结构与生态过程 [J]. 第四纪研究，2003（3）：247-255.
[126] 冷疏影，宋长青 . 陆地表层系统地理过程研究回顾与展望 [J]. 地球科学进展，2005，20（6）：600-606.
[127] 肖笃宁 . 景观生态学 [M]. 2 版 . 北京：科学出版社，2010.
[128] 杨景春，李有利 . 地貌学原理 [M]. 三版 . 北京：北京大学出版社，2012：30.
[129] 北京大学哲学系 . 古希腊罗马哲学 [M]. 北京：商务印书馆，1961：273.
[130] 徐健全 . 试论相互作用的内涵、实质及其特点 [J]. 四川师院学报（社会科学版），1985（2）：24-33.
[131] 赵佩华，胡皓 . 从系统的存在和演化看对立统一律与相互作用律的关系 [J]. 江西社会科学，2001（9）：1-3.
[132] 张华夏 . 因果性究竟是什么 ?[J]. 中山大学学报（社会科学版），1992（1）：46-54.
[133] 李以渝 . 机制论：事物机制的系统科学分析 [J]. 系统科学学报，2007，15（4）：22-26.
[134] CRAVER C F. Explaining the Brain：mechanisms and the mosaic unity of neuroscience[M]. Oxford：Oxford University Press，2007：6-7.
[135] 李建华 . 机制论：自组织与市场经济系统 [J]. 系统辩证学学报，1996（2）：36-39，55.
[136] 马克思，恩格斯 . 马克思恩格斯选集：第四卷 [M]. 北京：人民出版社，1997.
[137] 王天思 . 试论因果结构：兼评哥本哈根学派的因果观 [J]. 中国社会科学，1991（1）：109-120.
[138] 田宝国，谷可，姜璐 . 从线性到非线性：科学发展的历程 [J]. 系统辩证学学报，2001（3）：

62-67.
[139] 高建明，孙兆刚 . 论复杂性、非线性及其相互关系 [J]. 系统辩证学学报，2002，10（4）：34-37.
[140] 张本祥 . 非线性现象中的有限性原则、相互作用原则与非线性的哲学诠释 [J]. 系统辩证学学报，1998（3）：35-39.
[141] 王云才 . 景观生态规划原理 [M]. 北京：中国建筑工业出版社，2007：1.
[142] 俞孔坚，李迪华 . 景观设计：专业学科与教育 [M]. 北京：中国建筑工业出版社，2003：7-8.
[143] 康世磊，岳邦瑞 . 基于格局与过程耦合机制的景观空间格局优化方法研究 [J]. 中国园林，2017（3）：56-61.
[144] MARCUCCI D J. Landscape history as a planning tool[J]. Landscape and urban planning，2000，49（1）：67-81.
[145] FORMAN R T T，Godron M. Landscape ecology[M]. New York：Jorn Wiley & Sons，1986.
[146] NAVEH Z，LIEBERMAN A S. Landscape ecology：theory and application[M]. New York：Springer Science & Business Media，1994.
[147] 庞元正 . 系统理论与因果观的变革 [J]. 系统辩证学学报，1995（3）：23-31.
[148] 申仲英，张强 . 系统中非线性相互作用初探 [J]. 哲学研究，1985（8）：35-41，63.
[149] 乌杰 . 系统辩证学 [M]. 北京：中国财政经济出版社，2003.
[150] 胡皓 . 一般进化的微观机制 [J]. 东疆学刊，2001，18（1）：98-99.
[151] 黄宁，王红映，吝涛，等 . 基于“源 - 汇”理论的流域非点源污染控制景观格局调控框架：以厦门市马銮湾流域为例 [J]. 应用生态学报，2016，27（10）：3325-3334.
[152] 彭建，吕丹娜，董建权，等 . 过程耦合与空间集成：国土空间生态修复的景观生态学认知 [J]. 自然资源学报，2020，35（1）：3-13.
[153] 李双成，王羊，蔡运龙 . 复杂性科学视角下的地理学研究范式转型 [J]. 地理学报，2010，65（11）：1315-1324.
[154] 张小天 . 因果关系在相关关系上的表现：一个基于其含义的分析 [J]. 浙江大学学报（社会科学版），1994（2）：43-51.
[155] 王天思 . 大数据中的因果关系及其哲学内涵 [J]. 中国社会科学，2016，245（5）：22-42，204-205.
[156] 魏宏森，曾国屏 . 系统论：系统科学哲学 [M]. 北京：清华大学出版社，1995：318.
[157] 岳邦瑞，等 . 图解景观生态规划设计原理 [M]. 北京：中国建筑工业出版社，2017：13-24.
[158] MAKHZOUMI J，PUNGETTI G，MAKHZOUMI J，et al. Ecological landscape design and planning：the mediterranean context[M]. New York：E & Fn Spon，

1998：260-262.

[159] 傅伯杰．地理学综合研究的途径与方法：格局与过程耦合 [J]. 地理学报，2014，69（8）：14-21.

[160] 张人权，梁杏，靳孟贵，等．水文地质学基础 [M]. 六版．北京：地质出版社，2011.

[161] 周杰，李小强．关中－天水经济区环境与可持续发展 [M]. 北京：科学出版社，2012.

[162] 周明镇．蓝田猿人动物群的性质和时代 [J]. 科学通报，1965（6）：482-487.

[163] 卢连成．西周丰镐两京考 [J]. 中国历史地理论丛，1988（3）：115-152.

[164] 史念海．蓝田人时期至两周之际西安附近地区自然环境的演变 [C]// 中国古都研究（第一辑）：中国古都学会第一届年会论文集．杭州：浙江人民出版社，1983：60-104.

[165] 王社教．西汉上林苑的范围及相关问题 [J]. 中国历史地理论丛，1995（3）：223-233.

[166] 陈直．三辅黄图校释 [M]. 西安：陕西人民出版社，1980.

[167] 陕西省农牧厅．陕西农业自然环境变迁史 [M]. 西安：陕西科学技术出版社，1986：464-465.

[168] 段启信．户县涝河志 [M]. 户县：户县水利水保局水利志办公室，1989：39.

[169] 户县地方志编纂委员会．户县志 [M]. 西安：三秦出版社，2013.

[170] 侯建军，韩慕康，张保增，等．秦岭北麓断裂带晚第四纪活动的地貌表现 [J]. 地理学报，1995，50（2）：138-146.

[171] 杨源源，高战武，徐伟．华山山前断裂中段晚第四纪活动的地貌表现及响应 [J]. 震灾防御技术，2012，7（4）：335-347.

[172] 黄昌勇．土壤学 [M]. 北京：中国农业出版社，2000.

[173] 杜娟．关中平原土壤耕作层形成过程研究 [D]. 西安：陕西师范大学，2014.

[174] 鞠洪润，左丽君，张增祥，等．中国土地利用空间格局刻画方法研究 [J]. 地理学报，2020，75（1）：1-17.

[175] 布仁仓，胡远满，常禹，等．景观指数之间的相关分析 [J]. 生态学报，2005，25（10）：2764-2775.

[176] 何鹏，张会儒．常用景观指数的因子分析和筛选方法研究 [J]. 林业科学研究，2009，22（4）：470-474.

[177] RIITTERS K H，O'NEILL R V，HUNSAKER C T，et al. A factor analysis of landscape pattern and structure metrics[J]. Landscape ecology，1995，10（1）：23-39.

[178] LEITAO A B，MILLER J，AHERN J，et al. Measuring landscapes：a planner's handbook[M]. Washington：Island Press，2012：51-52.

[179] 陈芝聪，谢小平，白毛伟．南四湖湿地景观空间格局动态演变 [J]. 应用生态学报，2016，

27（10）: 3316-3324.

[180] 阳文锐．北京城市景观格局时空变化及驱动力 [J]. 生态学报，2015，35（13）: 4357-4366.

[181] 游丽平，林广发，杨陈照，等．景观指数的空间尺度效应分析：以厦门岛土地利用格局为例 [J]. 地球信息科学，2008，47（1）: 74-79.

[182] 孙贤斌．湿地景观演变及其对保护区景观结构与功能的影响：以江苏盐城海滨湿地为例 [D]. 南京：南京师范大学，2009.

[183] 孟陈，李俊祥，朱颖，等．粒度变化对上海市景观格局分析的影响 [J]. 生态学杂志，2007，168（7）: 1138-1142.

[184] 蔡婵静．城市绿色廊道的结构与功能及景观生态规划方法研究 [D]. 武汉：华中农业大学，2005.

[185] LUDWING J A，WILCOX B P，BRESHEARS D D. Vegetation patches and runoff-erosion as interacting ecohydrological processes in semiarid landscapes[J]. Ecology，2005，86（2）: 288-297.

[186] 黄锡荃，李惠明，金伯欣．水文学 [M]. 北京：高等教育出版社，1985.

[187] 杨维，张戈，张平．水文学与水文地质学 [M]. 北京：机械工业出版社，2008.

[188] 威廉·M. 马什．景观规划的环境学途径 [M]. 4 版．朱强，黄丽玲，俞孔坚，译．北京：中国建筑工业出版社，2006.

[189] 李志博，王起超，陈静．农业生态系统的氮素循环研究进展 [J]. 土壤与环境，2002，11（4）: 417-421.

[190] 西安市地方志编纂委员会．西安市志：第一卷 [M]. 西安：西安出版社，1996: 314.

[191] 李丽娟，姜德娟，李九一，等．土地利用 / 覆被变化的水文效应研究进展 [J]. 自然资源学报，2007，22（2）: 211-224.

[192] BRONSTERT A，NIEHOFF D，BURGER G. Effects of climate and land -use change on storm runoff generation: present knowledge and modelling capabilities[J]. Hydrological processes，2002，16（2）: 509-529.

[193] 曾辉，陈利顶，丁圣彦．景观生态学 [M]. 北京：高等教育出版社，2017.

[194] 杨丽芝，张光辉，刘春华，等．利用平原水库实现地表水与地下水联合调蓄的研究：以海河流域东南段为例 [J]. 干旱区资源与环境，2009，23（4）: 79-84.

[195] 董哲仁．河流生态修复 [M]. 北京：中国水利水电出版社，2013.

[196] 曾发琛，张明生．西安市地下水开发利用及保护对策研究 [J]. 水利规划与设计，2009（6）: 9-11，38.

[197] 王慧芳，岳彩琴，石建胜．西安地区地下水位下降及其环境负效应 [J]. 水文地质工程地质，

2005（3）: 78-80.
[198] 贾艳辉，费良军，黄修桥，等 . 嵌入地下水动力模型的井灌区机井布局耦合优化模型 [J]. 农业工程学报，2018，34（7）: 108-114.
[199] 李琪 . 关中平原浅层地下水资源现状及管理保护对策 [J]. 地下水，2012，158（5）: 68-69.
[200] 史晓亮，李颖，严登华，等 . 流域土地利用 / 覆被变化对水文过程的影响研究进展 [J]. 水土保持研究，2013，20（4）: 301-308.
[201] 周彦龙 . 西安市地下潜水系统对城市化进程的响应 [D]. 西安：长安大学，2018.
[202] 王晓燕，王一峋，王晓峰，等 . 密云水库小流域土地利用方式与氮磷流失规律 [J]. 环境科学研究，2003，16（1）: 30-33.
[203] 李俊然，陈利顶，郭旭东，等 . 土地利用结构对非点源污染的影响 [J]. 中国环境科学，2000，20（6）: 506-510.
[204] 傅伯杰，郭旭东，陈利顶，等 . 土地利用变化与土壤养分的变化：以河北省遵化县为例 [J]. 生态学报，2001，21（6）: 926-931.
[205] 刘燕华 . 依靠科技创新发展现代农业 [J]. 求是，2007（12）: 38-40.
[206] 邵明安，张兴昌 . 坡面土壤养分与降雨、径流的相互作用机理及模型 [J]. 世界科技研究与发展，2001，23（2）: 7-12.
[207] 曾立雄，黄志霖，肖文发，等 . 河岸植被缓冲带的功能及其设计与管理 [J]. 林业科学，2010，46（2）: 128-133.
[208] 丁恩俊 . 三峡库区农业面源污染控制的土地利用优化途径研究 [D]. 重庆：西南大学，2010.
[209] 李恒鹏，金洋，李燕 . 模拟降雨条件下农田地表径流与壤中流氮素流失比较 [J]. 水土保持学报，2008，22（2）: 6-9，46.
[210] 吴建国，吕佳佳 . 土地利用变化对生物多样性的影响 [J]. 生态环境，2008，17（3）: 1276-1281.
[211] FAHRIG L. Effects of habitat fragmentation on biodiversity[J]. Annual review of ecology，evolution，and systematics，2003，34（1）: 487-515.
[212] 武晶，刘志民 . 生境破碎化对生物多样性的影响研究综述 [J]. 生态学杂志，2014，33（7）: 1946-1952.
[213] 权伟 . 西安地区动植物物种的变迁：以今日与西汉时期对比为例 [J]. 唐都学刊，2007，98（2）: 14-19.
[214] 郑作新 . 秦岭鸟类志 [M]. 北京：科学出版社，1973.
[215] 俞孔坚 . 生物保护的景观生态安全格局 [J]. 生态学报，1999，19（1）: 10-17.
[216] BENTRUP G. Conservation buffers：design guidelines for buffers，corridors，and

greenways[M]. Asheville，Nc：Us Department of Agriculture，Forest Service，Southern Research Station，2008.
[217] 吴昌广，周志翔，王鹏程，等 . 基于最小费用模型的景观连接度评价 [J]. 应用生态学报，2009，20（8）：2042-2048.
[218] 魏辅文，聂永刚，苗海霞，等 . 生物多样性丧失机制研究进展 [J]. 科学通报，2014，59（6）：430-437.
[219] 陈利顶，傅伯杰 . 农田生态系统管理与非点源污染控制 [J]. 环境科学，2000（2）：98-100.
[220] 刘钦普 . 中国化肥施用强度及环境安全阈值时空变化 [J]. 农业工程学报，2017，33（6）：214-221.
[221] 刘丽，张仁慧，柴瑜 . 西安市农业非点源污染控制 [J]. 干旱地区农业研究，2005，23（3）：209-212.
[222] 张洪江 . 土壤侵蚀原理 [M]. 北京：中国林业出版社，2000：39-44.
[223] 王全九，邵明安，李占斌，等 . 黄土区农田溶质径流过程模拟方法分析 [J]. 水土保持研究，1999，6（2）：68-72，105.
[224] 李世清，李生秀 . 半干旱地区农田生态系统中硝态氮的淋失 [J]. 应用生态学报，2000，11（2）：240-242.
[225] 黄满湘，章申，唐以剑，等 . 模拟降雨条件下农田径流中氮的流失过程 [J]. 土壤与环境，2001，10（1）：6-10.
[226] 李新虎，张展羽，杨洁，等 . 红壤坡地不同生态措施地下径流养分流失研究 [J]. 水资源与水工程学报，2010，21（2）：83-86.
[227] 肖金强，张志强，武军 . 坡面尺度林地植被对地表径流与土壤水分的影响初步研究 [J]. 水土保持研究，2006，13（5）：227-231.
[228] 董哲仁，张晶 . 洪水脉冲的生态效应 [J]. 水利学报，2009，40（3）：281-288.
[229] 吴庆明，何富英，苏立英，等 . 湿地水鸟栖息水位测量方法探析：以涉禽为例 [J]. 野生动物学报，2016，37（4）：346-350.
[230] 葛振鸣 . 长江口滨海湿地迁徙水禽群落特征及生境修复策略 [D]. 上海：华东师范大学，2007.
[231] 丰华丽，陈敏建，王立群 . 河流生态系统特征及流量变化的生态效应 [J]. 南京晓庄学院学报，2007，92（6）：59-62.
[232] 杜强，王东胜 . 河道的生态功能及水文过程的生态效应 [J]. 中国水利水电科学研究院学报，2005，3（4）：287-290.
[233] 陈敏建，王立群，丰华丽，等 . 湿地生态水文结构理论与分析 [J]. 生态学报，2008，28（6）：2887-2893.

[234] 尹锴，赵千钧，崔胜辉，等．城市森林景观格局与过程研究进展 [J]. 生态学报，2009，29（1）: 389-398.

[235] 郭斌，陈佑启，姚艳敏，等．土地利用与土地覆被变化驱动力研究综述 [J]. 中国农学通报，2008，166（4）: 408-414.

[236] 龙妍，黄素逸，刘可．大系统中物质流、能量流与信息流的基本特征 [J]. 华中科技大学学报（自然科学版），2008，36（12）: 92-95.

[237] GROOT R. Function-analysis and valuation as a tool to assess land use conflicts in planning for sustainable，multi-functional landscapes[J]. Landscape and urban planning，2006，75（3）: 175-186.

[238] HAINES R，POTSCHIN M. The links between biodiversity，ecosystem service and human well-being[M]. Cambridge: Cambridge University Press，2009.

[239] BURGI M，SILBERNAGEL J，WU J，et al. Linking ecosystem services with landscape history[J]. Landscape ecology，2015，30（1）: 11-20.

[240] 李琰，李双成，高阳，等．连接多层次人类福祉的生态系统服务分类框架 [J]. 地理学报，2013，68（8）: 1038-1047.

[241] GROOT R S，ALKEMADE R，BRAAT L，et al. Challenges in integrating the concept of ecosystem services and values in landscape planning，management and decision making[J]. Ecological complexity，2010，7（3）: 260-272.

[242] WARD J V. The four-dimensional nature of lotic ecosystems[J]. Journal of the north American benthological society，1989，8（1）: 2-8.

[243] BERNARD J M，TUTTLE R W. Stream corridor restoration: principles，processes and practices[J]. Engineering approaches to ecosystem restoration，1998.

[244] FORMAN R T T. Land mosaics: the ecology of landscapes and regions[M]. Cambridge: Cambridge University Press，1995: 223-234.

[245] 郝润梅，海春兴，雷军．农牧交错带农田景观格局对土地生态环境安全的影响：以呼和浩特市为例 [J]. 干旱区地理，2006，29（5）: 700-704.

[246] 云正明．农业生态系统结构研究（一）[J]. 农村生态环境，1986（1）: 25，44-47.

[247] 刘威尔，张鑫，张娟，等．农田缓冲带规划建设与天敌保护效果研究 [J]. 中国生态农业学报，2017，25（2）: 172-179.

[248] 段美春，张鑫，李想，等．农田景观虫害控制植被缓冲带布局、模式和功能 [J]. 中国农学通报，2014，30（1）: 264-270.

[249] 谢高地，肖玉．农田生态系统服务及其价值的研究进展 [J]. 中国生态农业学报，2013，21（6）: 645-651.

[250] ZHANG W，RICKETTS T H，KREMEN C，et al. Ecosystem services and dis-services to agriculture[J]. Ecological economics，2007，64（2）: 253-260.

[251] 尹飞，毛任钊，傅伯杰，等 . 农田生态系统服务功能及其形成机制 [J]. 应用生态学报，2006，17（5）: 929-934.

[252] 张宏锋，欧阳志云，郑华，等 . 玛纳斯河流域农田生态系统服务功能价值评估 [J]. 中国生态农业学报，2009，17（6）: 1259-1264.

[253] 叶延琼，章家恩，秦钟，等 . 佛山市农田生态系统的生态损益 [J]. 生态学报，2012，32（14）: 305-316.

[254] 李文华，欧阳志云，赵景柱 . 生态系统服务功能研究 [M]. 北京：气象出版社，2002.

[255] 唐玉芝，邵全琴，曹巍，等 . 基于物质量评估的贵州南部地区生态系统服务及其县域差异比较 [J]. 地理科学，2018，38（1）: 122-134.

[256] 赵方凯，杨磊，陈利顶，等 . 城郊生态系统土壤安全：问题与挑战 [J]. 生态学报，2018，38（12）: 4109-4120.

[257] 万峻，刘红艳，张远，等 . 太子河流域河流生态功能评价及其管理策略 [J]. 应用生态学报，2013，24（10）: 2933-2940.

[258] 朱强，俞孔坚，李迪华 . 景观规划中的生态廊道宽度 [J]. 生态学报，2005，25（9）: 2406-2412.

[259] 熊文，黄思平，杨轩 . 河流生态系统健康评价关键指标研究 [J]. 人民长江，2010，41（12）: 7-12.

[260] 陕西省林业发展区划办公室 . 陕西省林业发展区划 [M]. 西安：陕西科学技术出版社，2008.

[261] 白杨，欧阳志云，郑华，等 . 海河流域农田生态系统环境损益分析 [J]. 应用生态学报，2010，21（11）: 2938-2945.

[262] 陈同斌，曾希柏，胡清秀 . 中国化肥利用率的区域分异 [J]. 地理学报，2002，57（5）: 531-538.

[263] 高燕 . 生态服务功能导向的滨海地质公园开发与保护研究 [D]. 武汉：中国地质大学，2013.

[264] 龚建周，夏北成 . 城市景观生态学与生态安全：以广州为例 [M]. 北京：科学出版社，2008.

[265] 葛安新，党景中，王华青 . 再论陕西森林覆盖率 [J]. 陕西林业科技，2014（2）: 27-30.

[266] 费宇红 . 京津以南河北平原地下水演变与涵养研究 [D]. 南京：河海大学，2006.

[267] 陈建峰 . 降雨入渗补给规律的分析研究 [J]. 地下水，2010，32（2）: 30-31.

[268] 曹峰，郑跃军 . 基于 GIS 技术的人工补给地下水区域选择：以乌鲁木齐河流域乌拉泊洼地为例 [J]. 水文地质工程地质，2015，42（6）: 44-50.

[269] SENANAYAKE I P，DISSANAYAKE D，MAYADUNNA B B. An approach to delineate groundwater recharge potential sites in Ambalantota，Sri Lanka using

GIS techniques[J]. Geoscience frontiers，2016，7（1）: 115-124.
[270] YEH H F，CHENG Y S，LIN H I，et al. Mapping groundwater recharge potential zone using a GIS approach in Hualian river，Taiwan[J]. Sustainable environment research，2016，26（1）: 33-43.
[271] JAISWAL R K，MUKHERJEE S，KRISHNAMURTHY J，et al. Role of remote sensing and GIS techniques for generation of groundwater prospect zones towards rural development: an approach[J]. International journal of remote sensing，2003，24（5）: 993-1008.
[272] 曾立雄，肖文发，黄志霖，等 . 兰陵溪小流域主要退耕还林植被土壤渗透特征 [J]. 水土保持学报，2010，24（3）: 199-202.
[273] 郭兆元 . 陕西土壤 [M]. 北京：科学出版社，1992: 93，310.
[274] 许明祥，刘国彬，卜崇峰，等 . 圆盘入渗仪法测定不同利用方式土壤渗透性试验研究 [J]. 农业工程学报，2002，18（4）: 54-58.
[275] 俞孔坚，姜芊孜，王志芳，等 . 陂塘景观研究进展与评述 [J]. 地域研究与开发，2015，34（3）: 130-136.
[276] 张蕾 . 传统的绿色基础设施之华北黄泛平原古城坑塘景观启示 [J]. 给水排水，2013，39（S1）: 247-251.
[277] 俞孔坚，张蕾 . 黄泛平原区适应性“水城”景观及其保护和建设途径 [J]. 水利学报，2008，39（6）: 688-696.
[278] 张振兴 . 北方中小河流生态修复方法及案例研究 [D]. 长春：东北师范大学，2012.
[279] 李洪远，常青，何迎，等 . 北方城市干涸河流生态环境治理途径 [J]. 城市环境与城市生态，2004，17（6）: 7-10.
[280] 崔丽娟，赵欣胜，李伟，等 . 基于土壤渗透系数的吉林省湿地补给地下水功能分析 [J]. 自然资源学报，2017，32（9）: 1457-1468.
[281] 张光辉，费宇红，刑开，等 . 太行山前平原动水条件下地下调蓄功能实验研究：以滹沱河冲洪积平原为例 [J]. 干旱区资源与环境，2004，18（1）: 42-48.
[282] 费宇红，崔广柏 . 地下水人工调蓄研究进展与问题 [J]. 水文，2006，26（4）: 10-14.
[283] 许广明，刘立军，费宇红，等 . 华北平原地下水调蓄研究 [J]. 资源科学，2009，31（3）: 375-381.
[284] 黄健，张锐，李世佳 . 基于改进 MCR 模型的重庆市江津区生态安全格局构建 [J]. 中国农学通报，2019，35（17）: 130-137.
[285] 邱硕，王宇欣，王平智，等 . 基于 MCR 模型的城镇生态安全格局构建和建设用地开发模式 [J]. 农业工程学报，2018，34（17）: 257-265，302.

[286] LAMBECK R J. Focal species：a multi-species umbrella for nature conservation[J]. Conservation biology，1997，11（4）：849-856.

[287] 吴未，胡余挺，范诗薇，等．不同鸟类生境网络复合与优化：以苏锡常地区白鹭、鸳鸯、雉鸡为例 [J]. 生态学报，2016，36（15）：4832-4842.

[288] 胡望舒，王思思，李迪华．基于焦点物种的北京市生物保护安全格局规划 [J]. 生态学报，2010，30（16）：4266-4276.

[289] 辜永河．白鹭的栖息地与取食行为的研究 [J]. 动物学杂志，1996，31（3）：23-24.

[290] 吴未，张敏，许丽萍，等．土地利用变化对生境网络的影响：以苏锡常地区白鹭为例 [J]. 生态学报，2015，35（14）：4897-4906.

[291] PALOMINO D，CARRASCAL L M. Threshold distances to nearby cities and roads influence the bird community of a mosaic landscape[J]. Biological conservation，2007，140（1）：100-109.

[292] 王明春，杨月伟．城市化对繁殖期白鹭的影响 [J]. 曲阜师范大学学报（自然科学版），2007，33（4）：90-94.

[293] 刘家福，蒋卫国，占文凤，等．SCS 模型及其研究进展 [J]. 水土保持研究，2010，17（2）：120-124.

[294] 唐从国，刘丛强．基于 GIS 和 DEM 的乌江流域地表水文模拟 [J]. 矿物岩石地球化学通报，2006，25（S1）：87-90.

[295] 周翠宁，任树梅，闫美俊．曲线数值法（SCS 模型）在北京温榆河流域降雨 - 径流关系中的应用研究 [J]. 农业工程学报，2008，24（3）：87-90.

[296] 汤国安，杨昕．ArcGIS 地理信息系统空间分析实验教程 [M]. 北京：科学出版社，2012：478-492.

[297] 许彦，潘文斌．基于 ArcView 的 SCS 模型在流域径流计算中的应用 [J]. 水土保持研究，2006，13（4）：176-179，182.

[298] 魏文秋，谢淑琴．遥感资料在 SCS 模型产流计算中的应用 [J]. 环境遥感，1992，7（4）：243-250.

[299] 马亚鑫，周维博，宋扬．西安市主城区土地利用变化及其对地表径流的影响 [J]. 南水北调与水利科技，2016，14（5）：49-54，90.

[300] 岳邦瑞，康世磊，江畅．城市 - 区域尺度的生物多样性保护规划途径研究 [J]. 风景园林，2014（1）：42-46.

[301] 俞孔坚，李迪华，段铁武．生物多样性保护的景观规划途径 [J]. 生物多样性，1998，6（3）：45-52.

[302] 曲艺，栾晓峰．基于最小费用距离模型的东北虎核心栖息地确定与空缺分析 [J]. 生态学杂志，

2010，29（9）：1866-1874.
[303] 于广志，蒋志刚 . 自然保护区的缓冲区：模式、功能及规划原则 [J]. 生物多样性，2003，11（3）：256-261.
[304] 俞孔坚，李迪华，刘海龙 .“反规划”途径 [M]. 北京：中国建筑工业出版社，2005：1.
[305] 蒙吉军，王晓东，周朕 . 干旱区景观格局综合优化：黑河中游案例 [J]. 北京大学学报（自然科学版），2017，53（3）：451-461.
[306] 滕明君，周志翔，王鹏程，等 . 基于结构设计与管理的绿色廊道功能类型及其规划设计重点 [J]. 生态学报，2010，30（6）：1604-1614.
[307] 康敏明 . 基于不同生物多样性支撑功能需求的森林廊道宽度 [J]. 林业与环境科学，2018，34（3）：42-46.
[308] 徐威杰，陈晨，张哲，等 . 基于重要生态节点独流减河流域生态廊道构建 [J]. 环境科学研究，2018，31（5）：805-813.
[309] 许文雯，孙翔，朱晓东，等 . 基于生态网络分析的南京主城区重要生态斑块识别 [J]. 生态学报，2012，32（4）：261-269.
[310] 陈剑阳，尹海伟，孔繁花，等 . 环太湖复合型生态网络构建 [J]. 生态学报，2015，35（9）：3113-3123.
[311] 陈浩，姜佳丽，许乙青 . 丘陵地区城市道路网与水系的共生策略 [J]. 规划师，2014，30（11）：42-48.
[312] KOVACIC D A，DAVID M B，GENTRY L E，et al. Effectiveness of constructed wetlands in reducing nitrogen and phosphorus export from agricultural tile drainage[J]. Journal of environment quality，2000，29（4）：1262-1274.
[313] 姜翠玲，崔广柏 . 湿地对农业非点源污染的去除效应 [J]. 农业环境保护，2002，21（5）：471-473，476.
[314] 曾辉，陈利顶，丁圣彦 . 景观生态学 [M]. 北京：高等教育出版社，2017：126-127.
[315] BAUDRY J. Interactions between agricultural and ecological systems at the landscape level[J]. Agriculture，ecosystems & environment，1989，27（1）：119-130.
[316] 梁笑琼，李怀正，程云 . 沟渠在控制农业面源污染中的作用 [J]. 水土保持应用技术，2011（6）：23-27.
[317] 朱金兆，贺康宁，魏天兴 . 农田防护林学 [M]. 北京：中国林业出版社，2010.
[318] 赵桂慎，贾文涛，柳晓蕾 . 土地整理过程中农田景观生态工程建设 [J]. 农业工程学报，2007，23（11）：114-119.
[319] 姜英淑，汤党球 . 田块的设计和沟路林田的配置 [J]. 现代化农业，1998（2）：7.

[320] 郭二辉，孙然好，陈利顶 . 河岸植被缓冲带主要生态服务功能研究的现状与展望 [J]. 生态学杂志，2011，30（8）: 1830-1837.

[321] 王良民，王彦辉 . 植被过滤带的研究和应用进展 [J]. 应用生态学报，2008，19（9）: 2074-2080.

[322] 颜兵文，彭重华，胡希军 . 河岸植被缓冲带规划及重建研究：以长株潭湘江河岸带为例 [J]. 西南林学院学报，2008，28（1）: 57-60.

[323] LEE K H，ISENHART T M，SCHULTZ R C. Sediment and nutrient removal in an established multi-species riparian buffer[J]. Journal of soil and water conservation，2003，58（1）: 1-7.

[324] INAMDAR S P，SHERIDAN J M，WILLIAMS R G，et al. Riparian ecosystem management model（REMM）: I. testing of the hydrologic component for a Coastal Plain riparian system[J]. Transactions of the American society of agricultural engineers，1999，42（6）: 1679-1689.

[325] MAYER P M，REYNOLDS S K，MCCUTCHEN M D，et al. Meta-analysis of nitrogen removal in riparian buffers[J]. Journal of environmental quality，2007，36（4）: 1172-1180.

[326] LEE P，SMYTH C，BOUTIN S. Quantitative review of riparian buffer width guidelines from Canada and the United States [J]. Journal of environmental management，2004，70（2）: 80-165.

[327] 夏继红，鞠蕾，林俊强，等 . 河岸带适宜宽度要求与确定方法 [J]. 河海大学学报（自然科学版），2013，41（3）: 229-234.

[328] MAGNUSON J J. Long-term ecological research and the invisible present[J]. BioScience，1990，40（7）: 495-501.